“十四五”时期国家重点出版物出版专项规划项目
空天推进技术系列丛书

固体火箭发动机密封结构性能评估

陈家照　王学仁　王　健
刘新国　宁　超　著

西北工業大學出版社
西　安

【内容简介】 本书结合笔者多年在固体火箭发动机领域的研究成果，针对固体火箭发动机常用的O形圈密封结构，研究其密封机理、泄漏检测和泄漏率计算方法，探讨其经长期贮存自然老化后密封性能的变化规律，评估其在气密性检查、稳态工作和点火建压过程中的密封可靠性。全书分为6章，内容包括固体火箭发动机及其密封结构、O形圈密封结构及其密封机理、固体火箭发动机密封失效原因及密封性能检测方法、长期贮存条件下O形圈密封结构泄漏率评估、长期贮存条件下固体火箭发动机密封性能评估以及固体火箭发动机密封性能评估整体框架等。

本书可作为航空宇航推进理论与工程专业相关课程的教材，也可供从事固体火箭发动机设计的科研工作人员阅读参考。

图书在版编目(CIP)数据

固体火箭发动机密封结构性能评估/陈家照等著.
—西安：西北工业大学出版社，2022.12
(空天推进技术系列丛书)
ISBN 978-7-5612-8544-2

Ⅰ.①固… Ⅱ.①陈… Ⅲ.①固体推进剂火箭发动机-机械密封-结构性能-评估 Ⅳ.①V435

中国版本图书馆CIP数据核字(2022)第243064号

GUTI HUOJIAN FADONGJI MIFENG JIEGOU XINGNENG PINGGU
固体火箭发动机密封结构性能评估
陈家照 王学仁 王健 刘新国 宁超 著

责任编辑：华一瑾 刘茜 **策划编辑**：华一瑾
责任校对：张 潼 **装帧设计**：李 飞
出版发行：西北工业大学出版社
通信地址：西安市友谊西路127号 邮编：710072
电 话：(029)88491757，88493844
网 址：www.nwpup.com
印 刷 者：陕西向阳印务有限公司
开 本：787 mm×1 092 mm 1/16
印 张：6.5 **彩插**：1
字 数：171千字
版 次：2022年12月第1版 2022年12月第1次印刷
书 号：ISBN 978-7-5612-8544-2
定 价：48.00元

如有印装问题请与出版社联系调换

前　言

航天器的密封性能好坏关系到航天器能否成功发射与飞行。如果航天器发生泄漏，即使微小的漏孔也可能导致重大损失。据不完全统计，1957—1994年，国外因泄漏造成的航天器发射失败的次数占总失败次数的10％以上。美国“挑战者”号航天飞机在1986年因密封圈失效发生爆炸，酿成机毁人亡的惨剧，造成极大的负面影响和经济损失，给整个航天业都敲响了警钟。因此，必须给予航天器的密封性能评估与泄漏检测足够的重视。

固体火箭发动机是一种常用的航天动力装置，由于它具有结构简单、体积小、质量轻、造价低、可靠性高、操作使用简便、作战准备时间短、发射和维护设施设备少以及便于机动发射等一系列优点，因此在火箭、导弹和其他航天器中得到了广泛应用，特别是在导弹武器中几乎是一枝独秀的，被大多数导弹武器所采用。如果固体火箭发动机密封不良，则会使发动机性能受损，甚至导致发动机起火、爆炸等严重后果。固体火箭发动机又通常是长期贮存、多次机动运输、一次使用的，在贮存和机动运输中发动机的密封性能也可能发生变化，这就需要在固体火箭发动机贮存期间和点火发射之前对其密封性能进行检测和评估，以确定其能否正常工作，以便做出能否发射的决策。

本书针对固体火箭发动机常用的O形圈密封结构，研究其密封机理、泄漏检测和泄漏率计算方法，探讨其经长期贮存自然老化后密封性能的变化规律，评估其在气密性检查、稳态工作和点火建压过程中的密封可靠性。

本书第1章由火箭军工程大学宁超撰写，第2章由北京系统工程研究所王健撰写，第3章由火箭军工程大学刘新国撰写，第4、5章由火箭军工程大学陈家照撰写，第6章由火箭军工程大学王学仁撰写。全书由陈家照统稿。本书的撰写得到航天科工集团第六研究院孙翔宇副院长和郭宇副主任的大力支持，书中部分图表由研究生黄闽翔绘制，在此一并表示感谢。

写作本书曾参阅了相关文献资料，在此谨向其作者深表谢意。

由于笔者水平有限，不足之处在所难免，恳请读者指教。

著　者

2022年5月

目　录

第1章　固体火箭发动机及其密封结构

1.1　固体火箭发动机结构

固体火箭发动机(Solid Rocket Motor,SRM)是一种采用固体推进剂的化学火箭发动机，一般均由安全点火装置、推进剂药柱、燃烧室和喷管等组成，这是固体火箭发动机的基本组成部件。对于非耗尽关机的发动机通常还带有推力终止装置，推力终止是在发动机推进剂尚未耗尽之前，利用终止燃烧或抵消推力的方法达到终止推力这一目的的过程。可控的固体火箭发动机还有推力矢量控制装置，可为火箭飞行提供俯仰、偏航或滚转控制力矩，以便稳定或控制火箭的飞行姿态，或者通过姿态控制实现火箭的飞行轨迹控制。

图1-1为某固体火箭发动机结构示意图，由安全点火装置、固体推进剂药柱、燃烧室壳体、喷管和推力终止装置等组成。大中型固体火箭发动机的推进剂通常采用贴壁浇注的工艺装入燃烧室，形成一个整体，因此药柱和燃烧室壳体又合称为装药燃烧室。点火装置、喷管、推力终止装置与装药燃烧室之间通过螺栓或螺纹连接形式装配在一起，组成固体火箭发动机整体结构。

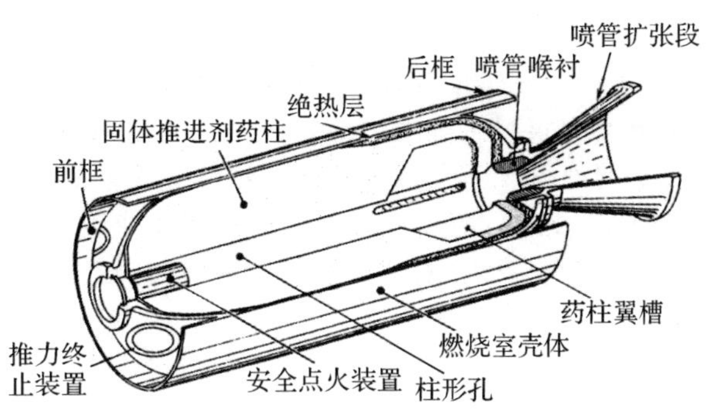

图1-1　某固体火箭发动机结构示意图

1. 安全点火装置

安全点火装置是固体火箭发动机的重要组成部分，它通常由点火装置和安全机构组成。大中型固体火箭发动机的点火装置通常包括点火器和点火发动机两部分，能在极短时间内点燃主燃烧室内的推进剂装药，使发动机正常工作。安全机构有安全和工作两种状态，能防止点火装置意外发火，从而保证发动机不被意外点燃。

2. 推进剂药柱

推进剂药柱是固体火箭发动机的能源，又是工质源。它在燃烧室中燃烧，将推进剂的化学能释放出来，转换为热能，以供下一步的能量转换。同时，生成的燃烧产物又是能量转换过程的工质。燃烧产物作为能量载体，携带热能，在流经喷管的过程中，膨胀加速，将热能转换为燃气流动的动能，使燃气以很高的速度喷出喷管，形成反作用力，就是推动火箭飞行的推力。

为满足火箭发动机的技术要求，推进剂需要按一定的规律燃烧。因此，推进剂必须按一定的尺寸制成特定几何形状的药柱，装填到固体火箭发动机的燃烧室中。

3. 燃烧室

固体火箭发动机的燃烧室是推进剂贮存和燃烧的场所，也是固体火箭结构的重要组成部分(其外壳是火箭外壳的一段)，经受火箭贮存、运输、发射和飞行时的各种载荷作用。对于采用贴壁浇注的发动机，其燃烧室通常由壳体(金属壳体或复合材料壳体)、内绝热层和衬层组成。壳体承受内压和外载荷作用，内绝热层对壳体内壁进行热防护，衬层使药柱与内绝热层的黏结更牢固，并缓和药柱与内绝热层的应力传递。

(1)金属材料壳体。金属壳体材料多为合金钢，常用的合金钢有 32SiMnMoV，406，406A，D406A 和马氏体时效钢等。金属壳体的强度高，质量较大，一般用于火箭的下面级。图 1-2 为固体火箭发动机典型金属壳体结构示意图。

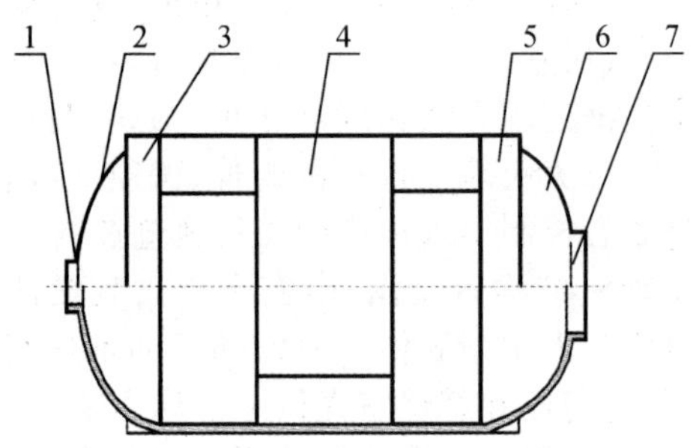

图 1-2　典型金属壳体结构示意

1—前接头；2—前封头；3—前裙；4—筒体；5—后裙；6—后封头；7—后接头

(2)纤维增强复合材料壳体。纤维增强复合材料由于具有很高的比强度，已成为制造高性能固体火箭发动机壳体的重要原材料。纤维增强复合材料的使用，可以大大减轻固体火箭发动机的结构质量。按强度设计的圆筒段，高强度玻璃纤维复合材料的质量要比钢轻 30%～40%，有机纤维要比钢轻 60%～70%，所以纤维壳体一般用于火箭或导弹的上面级。目前常用的纤维复合材料有玻璃纤维复合材料、有机纤维复合材料和碳纤维复合材料。图 1-3 为玻璃纤维缠绕壳体结构示意图。

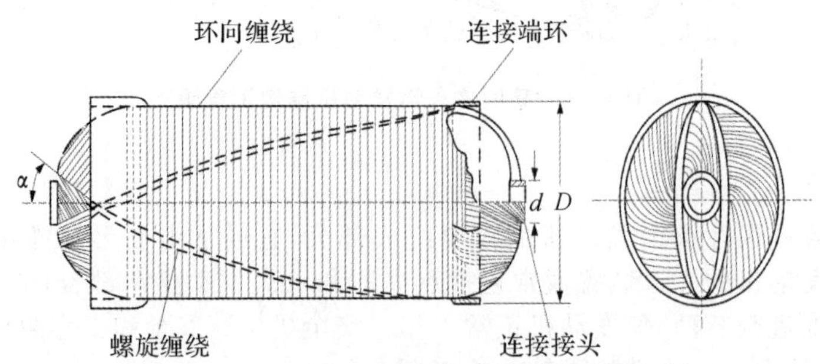

图 1-3　玻璃纤维缠绕壳体结构示意图

4. 喷管

固体火箭发动机喷管位于燃烧室尾部，通常由收敛段、喉部和扩张段三部分组成，是发动机能量转换装置。

喷管的主要功用有以下几点。

(1)通过控制喉部面积的大小来保证燃烧室具有一定的工作压强，进而保证稳定燃烧。

(2)将燃烧产生的高温、高压气体的热能转换成动能，燃气以高速从喷口排出，从而产生推力。

(3)改变推力方向，控制导弹的飞行姿态。

1.2　固体火箭发动机密封部位及其结构

固体火箭发动机各部分一般是单独制造，然后再装配到一起，各部分之间通过螺栓或螺纹进行连接。为保证固体火箭发动机正常使用和工作，各部分之间均有密封结构以保证固体火箭发动机的密封性。

1. 固体火箭发动机密封部位

由于固体火箭发动机的结构千差万别，其密封部位也各不相同，通常在各装配体之间均设有密封部位，主要包括以下几处。

(1)燃烧室与安全点火装置之间。

(2)燃烧室与喷管之间。

(3)燃烧室与推力终止装置之间。

有些固体火箭发动机采用多个喷管，为了工艺上的需要，通常设有专门的后盖作为喷管安装基体，因此，后盖与燃烧室后接头之间，后盖喷管座与喷管之间均有密封部位。

如果喷管采用摆动喷管，在喷管固定体与活动体之间也有密封部位。此外，在固体火箭发动机各组成部分内部通常也有密封部位，如点火装置内部、推力终止装置内部和喷管内部等。

2. 固体火箭发动机密封结构

在固体火箭发动机结构中，由于不同密封部位有不同的特点，因而密封结构差异也较大。下面以某固体火箭发动机的密封结构为例予以简单说明，这只是众多密封结构中的几个例子。

(1)发动机燃烧室与安全点火装置之间的密封。某发动机安全点火装置的顶盖与燃烧室前接头之间通过螺纹连接，并通过 O 形橡胶密封圈(也叫 O 形圈)进行端面密封，如图 1－4 所示。

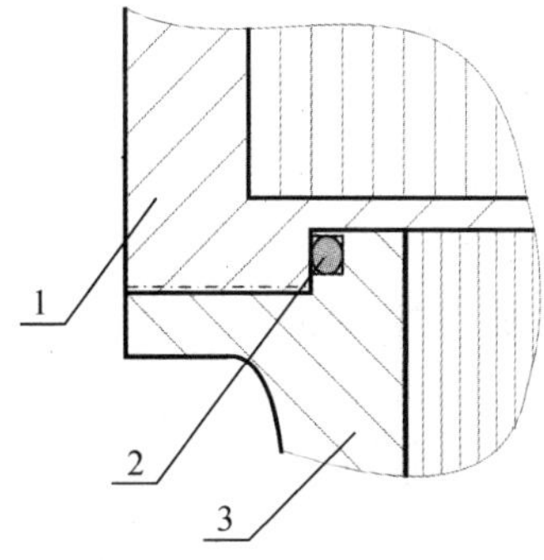

图 1－4　发动机安全点火装置与燃烧室密封结构示意图

1—安全点火装置；2—O 形圈；3—燃烧室

(2)发动机燃烧室与后盖之间的密封。某发动机采用后盖作为喷管的安装基体。后盖与燃烧室后接头法兰通过多个螺栓连接,并通过 O 形橡胶密封圈和 X 形橡胶密封圈(也叫 X 形圈)密封,如图 1-5 所示。O 形橡胶密封圈为端面密封,而 X 形橡胶密封圈为侧向密封,密封圈装于内结构体(后盖)外侧。

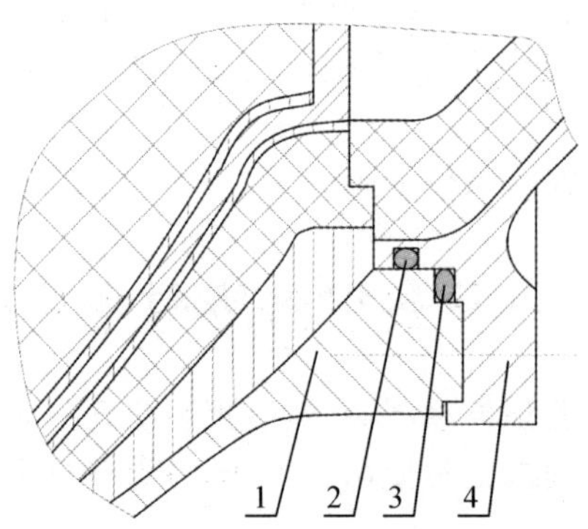

图 1-5 某发动机绝热后盖与燃烧室密封结构示意图

1—燃烧室;2—X 形圈;3—O 形圈;4—绝热后盖

(3)发动机喷管座与喷管之间的密封。某发动机喷管与后盖喷管座之间通过螺栓连接,并通过 O 形圈端面密封,如图 1-6 所示。

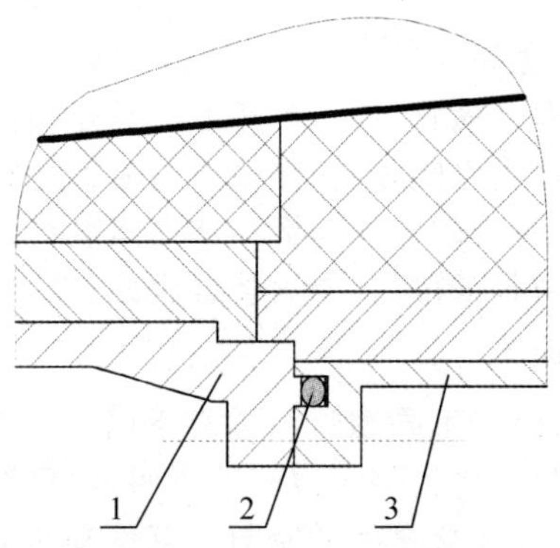

图 1-6 某发动机喷管阴球体与喷管座密封结构示意图

1—喷管座;2—O 形圈;3—喷管阴球体

(4)发动机喷管固定体与活动体之间的密封。某发动机采用摆动喷管,喷管由固定体和活动体组成,固定体和活动体之间通过关节轴承连接。喷管固定体阴球面与活动体阳球面之间使用了两道造型特殊的密封圈,放在球头面的两道密封槽内,第一道是在 U 形套内放置 O 形圈,第二道是 X 形橡胶密封圈,如图 1-7 所示。

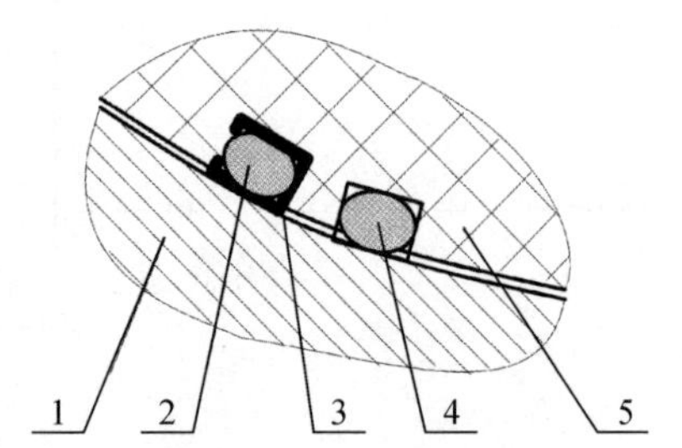

图 1-7 喷管阴阳球体间的密封结构示意图

1—阴球体;2—O 形圈;3—U 形套;4—X 形圈;5—阳球体

从以上的几个例子可以看出,固体火箭发

动机的密封件绝大部分是 O 形密封圈，只有个别情况采用其他形状(如 X 形截面)的密封圈。X 形密封圈只用于喷管活动体与固定体之间的动密封，且一般都是第二道密封，主要是为了增加动密封的可靠性。因此，固体火箭发动机的密封结构通常都是 O 形圈密封结构，或 O 形圈密封结构加上其他形式的密封结构串联而成。O 形圈密封结构之所以应用广泛，与其他密封结构相比，主要有以下特点。

1)密封部位结构简单，安装部位紧凑，而且质量较轻。

2)有自密封作用，往往只用一个密封件便能达到密封效果。

3)密封性能好，用作静密封时几乎没有泄漏，用作动密封时，只在速度较高时才有泄漏。

4)运动摩擦阻力很小，对于压力交变的场合也能应用。

5)O 形圈尺寸与沟槽已标准化，成本低，产品易得，便于使用和外购。

6)装卸简单，容易制造，使用方便。

7)适用参数范围宽广，使用温度范围为－60～120 ℃，用于静密封装置时，密封压力可达 20～400 MPa。

本书主要针对固体火箭发动机的 O 形圈密封结构，研究其密封性能评估方法，而固体火箭发动机的 O 形圈密封结构具有以下特点。

1)固体火箭发动机是火箭、导弹和其他航天器的动力装置，用于导弹的固体火箭发动机通常属于长期贮存、一次使用的产品，因而其密封结构也是长期贮存、一次使用的。

2)对于固体火箭发动机的密封结构，在平时贮存中其密封介质一般为常温、低压的空气或惰性气体(如氮气和氦气)，而在工作时的密封介质多为高温、高压固体推进剂燃烧产物，一般不会接触液体介质。

3)固体火箭发动机的密封结构大多为静密封，只有极少部分动密封(如摆动喷管固定体与活动体之间的密封)。

4)固体火箭发动机 O 形圈密封结构大多采用矩形密封沟槽，少数情况下采用三角形沟槽等其他形式。

1.3　固体火箭发动机密封结构的重要作用

1986 年 1 月 28 日，美国卡纳维纳尔角航天发射中心，天空万里无云，航天飞机“挑战者”号伫立在发射台上。在离发射现场 6.4 km 的看台上，聚集了 1 000 多名观众，其中包括 19 名中学生，他们是来欢送老师克里斯塔·麦考利夫飞上太空的。各大媒体都在场，为全国直播“挑战者”号的发射盛况，现场还有执行任务的航天员家属。电视机前，各行各业的人们都等待着见证这一历史时刻，“太空教师”计划的学生们也紧张地等待着航天飞机的升空。上午 11 点 39 分，在全国人民的关注下，“挑战者”号缓缓升空，固体火箭助推器猛力喷射，发出类似打雷的轰鸣声，震撼着发射场周围的观众。当孩子们看到航天飞机载着他们的老师升空的壮观场面时，激动得又是吹喇叭，又是敲锣打鼓。

但就在发射后的 73 s，原本一切正常的“挑战者”号突然冒出一团火光，白色的气团突然膨胀，航天飞机瞬间被炸得粉碎。现场和电视机前的所有人瞬间从激动变得寂静。

伴随着剧烈的爆炸，价值 12 亿美元的“挑战者”号航天飞机化作碎片，坠入大西洋，机上 7 名宇航员全部遇难，造成世界航天史上的惨剧。“挑战者”号的爆炸，使美国举国震惊，各地均下半旗志哀，世界各国领导人也纷纷致电美国表示哀悼。时任美国总统罗纳德·里根在白宫椭圆形办公室发表声明，称这次事故如同一场民族灾难。经过这次灾难性事故，美国的航天飞机计划被冻结长达32个月之久，其影响甚至延续至今。

事故发生后，美国总统里根亲自下令组建调查委员会，事故原因很快被查明：航天飞机右侧固体火箭助推器的O形圈失效。固体火箭发动机上的一个小小的O形圈的失效竟造成如此重大的损失，令所有航天从业人员不得不警觉。

前面已经述及，固体火箭发动机是由各组成部分装配在一起的，而各装配体之间均设置有对接密封结构，它是固体火箭发动机的重要组成部分，其主要作用有以下几点。

(1)防止发动机工作时高压、高温燃气外泄。固体火箭发动机工作时，安全点火装置执行控制系统指令而发火，产生点火能量，点燃装药燃烧室内的固体推进剂药柱，药柱在燃烧室内燃烧产生高温、高压燃气，从拉瓦尔喷管高速喷出产生推力。如果发动机采用非耗尽关机方式，需要关机时，推力终止装置执行控制系统指令，将反向喷管打开，高温、高压燃气从反向喷管喷出，产生反向推力，抵消正向推力，实现关机。大型固体火箭发动机工作时，燃烧室压强一般在3 MPa以上，有的甚至达到10 MPa以上，燃烧室温度高达3 000 K以上。密封结构可靠，燃烧室高温、高压燃气不外泄，是保证固体火箭发动机正常工作的基本条件。如果密封结构失效，燃气将从密封失效部位外泄，引起发动机烧穿，甚至发生爆炸。美国“挑战者”号航天飞机升空后爆炸，正是由其固体火箭助推器的O形圈失效引起的。

(2)在长期贮存、勤务处理时防潮、防腐蚀。固体火箭发动机是固体火箭的动力系统，在固体火箭的寿命周期内，要经历贮存、测试和机动运输等环节。固体火箭从出厂到发射或退役报废，时间跨度长久，短则几个月，长则几年到数十年不等；地域跨度宽广，从寒带到温带、从风沙盐碱地区到高热潮湿地区、从高海拔地区到低海拔地区、从水网稻田到高山密林等。密封结构可靠，是保证水气、尘土、盐雾等不能进入发动机燃烧室，从而不会引起装药和防热层变质，以致影响发动机的工作性能的基本条件。

固体火箭发动机在使用过程中通常要经受严酷的环境载荷作用和操作载荷作用，在这些载荷作用下结构有可能发生密封失效。对固体火箭发动机的密封结构性能进行评估，以确认其密封结构能否满足使用要求，使用和工作时是否会失效，是固体火箭发动机设计制造部门和使用部门的一项重要的工作，本书主要讨论这一问题。

固体火箭发动机的密封部位既有装配体之间的对接密封部位，也有装配体内部的密封部位，本书主要讨论装配体之间的对接密封结构相对发动机外部环境之间的整体密封性能。前面已述及，固体火箭发动机对接密封部位主要采用的是O形圈密封结构，因此本书主要讨论由O形圈密封结构组成的发动机整体密封结构的性能。

第2章　O形圈密封结构及其密封机理

2.1　密封及其分类

密封是指严密的封闭，是防止流体或固体微粒从相邻的结合面间泄漏以及外界杂质（如灰尘与水分等）侵入机器设备内部的零部件或设施。在密封面两端若存在压差或者浓度差，介质就有通过密封面从高压端进入低压端或从高浓度端进入低浓度端的倾向，密封就是为了阻止介质的流通。密封面对流体的密封是依靠两个密封面之间或密封面与垫圈（片）之间的相互挤压紧密接触产生接触应力，使接触压力大于流体压力来实现的。密封面挤压越紧密，密封面之间的缝隙就越小，对流体的阻力越大，密封性能越好。

按照密封耦合面间有无相对运动，密封形式可分为静密封和动密封两大类。

静密封是指密封耦合面之间没有相对运动的密封，而动密封则是指密封耦合面之间有相对运动的密封。固体火箭发动机各组成部分之间一般是相对固定的，没有相对运动，因而大部分的密封属于静密封。但对于采用活动喷管（摆动喷管或转动喷管）的固体火箭发动机，在点火工作时，为了获得火箭姿态控制力（力矩），伺服机构按照控制系统的指令驱动喷管活动部分运动（摆动或转动），活动体相对固定体进行运动，因而活动体与固定体之间的密封属于动密封。

1. 静密封

按照密封结构的类型和形式，静密封可分为垫密封、密封胶密封和直接接触密封。根据工作压力范围，静密封又可分为中低压密封和高压密封。中低压静密封常采用密封垫进行密封，密封垫需要具备良好的挤压变形与恢复能力，包括：①非金属垫片（圈），如橡胶垫片（圈）、石棉垫片（圈）、柔性石墨垫片（圈）和聚四氟乙烯垫片（圈）等；②半金属垫片（圈），如金属包覆垫片（圈）和金属缠绕垫片（圈）等。在高压工作环境下则选取具有良好抵抗变形能力的金属垫片，如铜垫片、镀锌铁皮和不锈钢垫片进行密封。高压工况下为了减小压紧力，降低螺栓载荷，在满足密封要求的前提下金属垫片应尽可能窄。

2. 动密封

动密封根据相对运动类型分为旋转密封和往复密封；按两密封面是否接触，分为接触式密封和非接触式密封，接触式密封又可分为圆周密封和端面密封，端面密封又叫机械密封。

O形圈密封结构是一种应用广泛的密封结构形式，既可用于静密封（属于垫密封的一种)，又可用于动密封(属于接触式填料密封的一种)。从第 1 章的论述可知，固体火箭发动机广泛采用 O 形圈密封结构，本章将对 O 形圈密封结构及其密封机理进行论述。

2.2 O 形圈密封结构

O 形圈密封结构由密封沟槽、O 形密封圈和螺栓(或螺纹)等组成，如图 2-1 所示。将 O 形圈放置于密封沟槽内，通过螺栓或螺纹给两对接体施加预紧力，使两对接体密封面靠近，对 O 形圈产生挤压作用。橡胶作为具有弹性的高分子材料，在较宽的温度范围内、不同的介质内，给予较小的应力就会产生较大的变形。这种变形可以提供接触压力，补偿漏泄间隙，达到密封的目的。其中，O 形圈和密封沟槽是影响密封结构性能的关键部件。

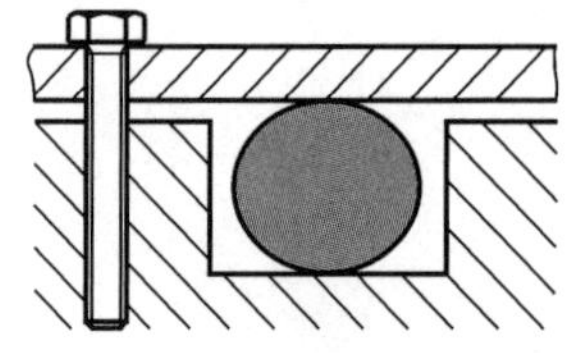

图 2-1 O 形圈密封结构示意图

2.2.1 O 形橡胶密封圈

1. 概述

O 形圈由具有良好黏弹性的橡胶高分子材料加工制成。橡胶与塑料、纤维并称为三大合成材料，橡胶是三者中唯一具有高度伸缩性和超弹性的高分子材料。橡胶之所以能成为工业上极好的减震、密封、屈挠、耐磨、防腐、绝缘以及黏结材料，是因为它具有以下优良特征。

(1)弹性模量小而伸长率高。

(2)耐透气性高且电绝缘，特种合成橡胶更具备良好的耐油性及耐温性。

(3)能与其他材料共混、并用、复合，改良综合性能。

O 形圈是具有圆形截面的环形橡胶圈，其截面为 O 形，故称为 O 形圈，其实物照片如图 2-2 所示，主要用于机械部件在静态条件下防止液体和气体介质泄漏。在一定温度范围内，O 形圈受到应力后发生大变形，并在密封结构的接触面上产生接触应力，填充泄漏通道间隙，从而实现密封。在某些情况下，O 形圈还可用作低速旋转运动和轴向往复组合运动等的动态密封件。O 形圈在液压和气压传动系统中使用广泛，根据不同的条件，可分别选择不同的材料与之相适应。

图 2-2 O 形圈实物图

2. 橡胶种类及特点

O 形橡胶密封圈与其他密封圈相比，具有设计简单、结构小巧及装拆方便的优点，可根据介质气体和密封指标要求选择不同的橡胶材料品种。常用的橡胶材料有以下几种。

(1)丁腈橡胶。丁腈橡胶(NBR)是一种高分子弹性体，其基本组成成分是丙烯腈和丁二烯。工业上使用的丁腈橡胶大都是由乳液聚合法制得的普通丁腈橡胶。耐油性极好，耐磨性较高，耐热性较好，黏结力较强。其缺点是耐低温性和耐臭氧性差，绝缘性能差，弹性稍低。丁腈橡胶广泛应用于石油系液压油、甘醇系液压油、汽油、水、硅润滑脂和硅油等多种介质，其用途广泛、成本低廉，但不适用于极性溶剂，如酮类、臭氧、硝基烃、甲基乙基酮(MEK)与氯仿等。正常使用温度范围为 40～120℃。丙烯腈含量高的丁腈橡胶一般用于直接与油类接触的输油胶管和垫圈等。丙烯腈含量低的丁腈橡胶用于耐油性要求比较高的制品，如低温耐油制品和耐油减震制品等。分子结构导致丁腈橡胶自身的强度较低，使用时通常对其结构进行补强以增加其力学性能。

(2)氢化丁腈橡胶。氢化丁腈橡胶(HNBR)是一种合成的聚合物，以氢化反应使丁腈橡胶的碳氢链达到饱和，此特别的氢化进程淘汰了许多丁腈橡胶聚合物主链上的双键，得到一种高度饱和的弹性体，因此，氢化丁腈橡胶除保有本来丁腈橡胶的特性外，比丁腈橡胶具备更高的耐热、耐臭氧和耐化学的性质。氢化丁腈橡胶具有良好的抗腐蚀、抗撕裂和抗压缩变形等特性，耐臭氧、耐阳光和耐油性等较好，比丁腈橡胶有更好的耐磨性，适用于洗涤机械、汽车发动机系统和新型制冷系统，不适用于醇类、脂类和芳香族的溶剂，正常使用温度为－40～150℃。

(3)硅橡胶。硅橡胶(SIL)的分子主链由硅原子和氧原子交替组成(—Si—O—Si—)，其侧链主要是烷基、苯基、乙烯基、氰基和含氟基等。硅橡胶又称为聚有机硅氧烷(聚硅酮)，通常用氯硅烷制备。由于分子主链由硅原子和氧原子组成，因此具有无机高分子的特征，具有很高的热稳定性。侧基是有机基团，这又赋予硅橡胶一系列优异性能。硅橡胶具有优秀的耐热、耐寒、耐臭氧和抗大气老化等性能，还具有良好的绝缘性，但抗拉强度比一般橡胶差，且不具有耐油性。它适用于家用热水器、电熨斗和微波炉等家电产品，还适用于多种和人体皮肤有间接接触的用品，如水壶、饮水机等，在航天制品中也有广泛应用。由于硅橡胶易溶于有机溶剂，不建议在大部分浓缩溶剂、油品、浓酸和氢氧化钠中使用，正常使用温度为－55～250℃。

(4)氟橡胶。氟橡胶(FKM)是一种合成高分子弹性体，其氟原子主要分布在主链或侧链的碳原子上。相比其他密封材料，氟橡胶的耐化学腐蚀性能极其优良，在高温环境及铀介质中表现不俗。氟橡胶的压缩永久变形性能较好，高温下表现依旧非常出色。氟橡胶价格较高，目前在航空航天、国防及其他特殊工业方面应用较多。目前应用较广的氟橡胶有聚烯烃类氟橡胶、亚硝基类氟橡胶、四丙氟橡胶、全氟醚橡胶和氟化磷腈橡胶。全氟橡胶(FFKM)有非常优秀的耐化学腐蚀性能，耐酸、碱、酮、醚和强氧化剂等绝大多数已知的化学品。最高耐热可到 300℃。它通常用于解决复杂环境的密封问题，价格比一般橡胶材料高出近百倍，非常昂贵，但密封效果好，并且可用于非常严苛的环境中，无可替代。

(5)氟硅橡胶。氟硅橡胶(FVMQ)是一类特种合成橡胶，用四氟化碳和乙烯为起始原料合成，又称为 Y－三氟丙基甲基聚硅氧烷。可由三氟丙基甲基环三硅氧烷和少量四甲基四乙烯基环四硅氧烷(含少量封端剂)在催化剂存在下，进行催化聚合来制取。氟硅橡胶兼有氟素橡胶和硅橡胶的优点，耐油、耐溶剂、耐燃料油及耐高低温性能均佳，能抵抗含氧的化合物、含芳香烃的溶剂及含氯的溶剂的侵蚀。它可用于航空航天及军事领域，不适合暴露于酮类及刹车油中，一般使用温度范围为－50～200℃。

(6)三元乙丙橡胶。三元乙丙橡胶(EPDM)是乙烯、丙烯以及非共轭二烯烃的三元共聚物。二烯烃具有特殊的结构，两个双键中只有一个参加共聚，即活性较大的双键参与共聚并成为聚合物主链，而活性较小的双键不参与共聚，只会成为边侧链，并作为交链处。三元乙丙的主要聚合物链是完全饱和的，这个特性使得三元乙丙可以抵抗热、光和氧气，尤其是臭氧。三元乙丙本质上是无极性的，对极性溶液和化学物具有抗性。它吸水率低，具有良好的绝缘特性。在三元乙丙生产过程中，通过改变三单体的数量、乙烯丙烯比、分子量及其分布以及硫化的方法可以调整其特性。三元乙丙橡胶有很好的耐候性、耐臭氧性、耐水性和耐化学性。它适用于醇类及酮类，还可用于高温的水蒸气环境的密封；适用于卫浴设备、汽车散热器及汽车刹车系统中，不适合在食品方面使用或暴露于矿物油中，一般使用温度范围为－55～150℃。

(7)氯丁橡胶。氯丁橡胶(CR)又称为氯丁二烯橡胶、新平橡胶，是以氯丁二烯(即 2 -氯-1,3 -丁二烯)为主要原料进行 α 聚合生成的弹性体。它有良好的机械性能，耐油、耐热、耐燃、耐臭氧、耐酸碱且耐化学试剂；具有较高的拉伸强度、伸长率和可逆的结晶性，黏结性能好。氯丁橡胶耐阳光、耐天候性能极佳，可用于二氯二氟甲烷和氨等制冷剂，耐稀酸、耐硅脂系润滑油，但在苯氨点低的矿物油中膨胀量大。它可适用于各种接触大气、阳光、臭氧的环境及各种耐热、耐化学腐蚀的密封环节。其缺点是耐寒性和贮存稳定性较差，在低温时易结晶、硬化，不适合使用在强酸、硝基烃、脂类、氯仿及酮类的化学物中。一般使用温度范围为－55～120℃。

(8)丁基橡胶。丁基橡胶(IIR)是合成橡胶的一种，是第一个高饱和的橡胶品种，由异丁烯和少量异戊二烯合成。少量的异戊二烯的引入是为了获得可供硫化的双键。由于结构上的特点，丁基橡胶具有良好的化学稳定性和热稳定性，最突出的是气密性和水密性，但也限制了其与聚二烯烃橡胶的并用。此外，分子中缺少极性基团，也使其与金属或橡胶的黏合性能变差。丁基橡胶气密性极佳，耐热、耐阳光、耐臭氧性好，绝缘性能佳，对极性溶剂如醇、酮、脂等有良好的抵抗能力，可暴露在动、植物油或氧化物中，可应用于耐化学药品或真空设备，不适合与石油溶剂、煤油或芳烃同时使用，一般使用温度范围为－50～110℃。

(9)丙稀酸酯橡胶。丙稀酸酯橡胶(ACM)是以丙烯酸酯为主单体经共聚而得的弹性体，其主链为饱和碳链，侧链为极性酯基。特殊结构赋予其许多优异的特点，如耐热、耐老化、耐油、耐臭氧以及抗紫外线等。其力学性能和加工性能优于氟橡胶和硅橡胶，耐热、耐老化和耐油性优于丁腈橡胶。丙稀酸酯橡胶对油类有优秀的抵抗力，但在机械强度、压缩变形率及耐水性方面稍差。它一般用于汽车传动系统及动力转向系统之中，不建议用于热水、刹车油或磷酸酯之中，一般使用温度范围为－25～170℃。

(10)天然橡胶。天然橡胶(NR)是一种以顺- 1,4 -聚戊异二烯为主要成分的天然高分子化合物，其成分中 91%～94%是橡胶烃(顺- 1,4 -聚异戊二烯)，其余为蛋白质、脂肪酸、灰分和糖类等非橡胶物质。通常所说的天然橡胶是指从橡胶树上采集的天然胶乳，经过凝固、干燥等加工工序而制成的弹性固状物。天然橡胶在常温下具有较高的弹性，稍带塑性，具有非常好的机械强度，滞后损失小，在多次变形时生热低，因此其耐屈挠性也很好，并且因为是非极性橡胶，可见电绝缘性能良好。天然橡胶拥有很好的耐磨性、弹性、扯断强度及伸长率，但在空气中容易老化、遇热变黏，在矿物油或汽油中易膨胀和溶解，耐碱但不耐强酸，可用在汽车的车油、乙醇等含氢氧根离子的溶液中，正常使用温度范围为－20～100℃。

(11)聚氨酯橡胶。聚氨酯橡胶(UR)是聚合物主链上含有较多的氨基甲酸酯基团的系列弹性体，实际应该是聚氨基甲酸酯橡胶，简称聚氨酯橡胶。聚合物链由氨基甲酸酯基团、脂基、醚基、脲基、芳基和脂肪链等组成，通常由低聚物多元醇、多异氰酸酯和扩链剂反应而成。聚氨酯具有很高的拉伸强度和撕裂强度，弹性好，即使硬度高时，也富有较高的弹性。聚氨酯橡胶机械性能极好，耐磨和耐高压性能优于其他橡胶。耐老化性、耐臭氧性和耐油性也好，但遇到温水易水解，适用于耐高压和耐磨损密封环节，如液压缸，一般使用温度范围为－45～90℃。

(12)聚四氟乙烯。聚四氟乙烯(PTFE)是一种使用了氟取代聚乙烯中所有氢原子的人工合成高分子材料，一般称作"不黏涂层"或"易清洁物料"。这种材料具有抗酸、碱和各种有机溶剂的特点，几乎不溶于所有溶剂。同时，聚四氟乙烯具有耐高温的特点，它的摩擦系数极低，因此在可做润滑作用之余，亦成为了易清洁水管内层的理想涂料。在航空、电气、化工、机械、金属表面处理、医药、食品、冶金冶炼和液压等行业中，聚四氟乙烯广泛用作耐高低温、耐腐蚀材料，绝缘材料和防粘涂层等。由于其摩擦系数低，已成为不可取代的产品。

O形橡胶密封圈胶料的选用有一系列标准可供查阅，如化工行业标准HG/T2579—2008《普通液压系统用O形橡胶密封圈材料》、HG/T2579—2014《耐高温润滑油O形橡胶密封圈》、HG/T2181—2009《耐酸碱橡胶密封件材料》、HG/T2333—1992《真空用O形圈橡胶材料》、HG/T3089—2001《燃油用O形橡胶密封圈材料》等。标准HG/T2579—2008规定了普通液压系统耐石油基液压油和润滑油(脂)O形橡胶密封圈材料的分类、要求、试验方法、检验规则及标识、包装及贮存方式，适用于普通液压系统耐石油基液压油和润滑油(脂)、工作温度分别为－40～100℃和－25～125℃的O形橡胶密封圈材料。标准HG/T2579－2014规定了耐高温润滑油O形橡胶密封圈的要求、试样、检验规则及标志、包装、运输和贮存。标准HG/T2181—2009规定了耐酸、碱橡胶密封件材料的分类、标记、要求、试验方法、检验规则、标志、包装及贮存，适用于一般耐硫酸、盐酸、硝酸、氢氧化钠和氢氧化钾的橡胶密封件材料。标准HG/T2333—1992规定了真空系统的O形圈橡胶材料的分类、技术要求、试验方法、检验规则、标志、包装、运输和贮存，适用于在真空系统的实心O形圈橡胶材料。标准HG/T3089—2001规定了石油基燃油系统用O形橡胶密封圈材料的要求、抽样、试验方法及标志、标签、包装、贮存，适用于在石油基燃油系统、－40～100℃下使用的O形橡胶密封圈材料。常用材料范围见表2－1。

表2－1　常用橡胶圈材料的选用

材　料	适用介质	使用温度/℃		使用注意点
		运动用	静止用	
丁腈橡胶	矿物油，汽油，苯	80	－30～120	
氯丁橡胶	空气，水，水蒸汽，氧	80	－40～120	运动用应注意
丁基橡胶	动、植物油，弱酸，弱碱	80	－30～100	永久变形大，不适用于矿物油
丁苯橡胶	碱，动、植物油，空气，水	80	－30～100	不适用于水矿物油

续 表

材 料	适用介质	使用温度/℃		使用注意点
		运动用	静止用	
天然橡胶	水,弱酸,弱碱	60	−30～90	不适用于矿物油
硅橡胶	高、低温矿物油,动、植物油,氧,弱酸,弱碱	−60～260	−60～260	不适用于水蒸汽,运动部位避免使用
氯磺化聚乙烯橡胶	高、低温油,氧,臭氧	100	−10～150	运动部位避免使用
聚氨酯橡胶	水,油	60	−30～80	耐磨,但避免高速
氟橡胶	热油,水蒸汽,空气,无机酸,卤素类溶剂	150	−20～200	
聚四氟乙烯	酸,碱,各种溶剂		−100～260	不适用于运动部位

注:表中材料使用的工作压力范围:静止用 $p\geqslant100$ MPa,运动用 $p<30$ MPa,密封面线速度 v 一般为 3～5 m/s,轴颈 $d<3\ 000$ mm。

3. 橡胶材料的物理力学性能

固体火箭发动机 O 形密封圈用橡胶主要有硅橡胶、氟橡胶、三元乙丙橡胶和丁腈橡胶等,其物理力学性能主要有硬度、拉伸强度、伸长率和压缩永久变形等,SRM 常用的几种橡胶圈材料及其性能见表 2-2。除此之外,橡胶材料的物理力学性能还有撕裂强度、定伸应力、耐磨性和回弹性等。

表 2-2 SRM 常用橡胶圈材料及其性能

材料性能	材料牌号				
	氟橡胶 F111	氟橡胶 F108	丁腈橡胶	硅橡胶	三元乙丙橡胶
抗拉强度/MPa	≥14	≥12	≥12	≥3.5	≥7
扯断伸长率/(%)	≥90	≥130	≥130	≥100	≥500
压缩永久变形/(%)(200 ℃ 24 h 压缩 25%)	≤30	≤30	≤40	≤50	/
邵氏硬度(HA)	80±5	75±5	80±5	65±10	≥60
脆性温度/℃	−20	−20	−45	−60	−60

(1)硬度。硬度是指橡胶表面抵抗塑性变形或破裂的能力,是密封橡胶的重要指标。硬度越高表示材料越硬,耐介质压力的能力越强,耐磨性也相应会好些,但同时弹性也会越低,硬度越低材料的拉伸强度越好。橡胶材料的硬度通常以邵氏硬度来表示,一般用邵氏硬度计来测量,软胶用邵氏 A 表示,高硬度胶用邵氏 D 表示。

(2)抗拉强度。抗拉强度又称为拉伸强度或扯断强度,是橡胶的主要性能指标之一,指材料产生最大均匀塑性变形的应力，是橡胶制品能够抵抗拉伸破坏的极限能力，其值越大表明橡胶的性能越好。许多橡胶制品的寿命都直接与抗拉强度有关，抗拉强度越低，越容易产生应力松弛和永久变形，造成密封失效。橡胶的抗拉强度低于 7 MPa 时，不适用于动密封。

抗拉强度与橡胶的结构有关，分子量较小时，分子间相互作用的次价键就较小，所以在外力大于分子间作用力时就会产生分子间的滑动而使材料破坏。反之分子量大，分子间作用力较大，胶料的内聚力较高，拉伸时链段不易滑动，那么材料的破坏程度就小。凡影响分子间作用力的其他因素均对拉伸强度有影响。如 NR/CR/CSM 这些橡胶主链上有结晶性取代基，分子间的价力增大，拉伸强度也随着提高。这也是这些橡胶自补强性能好的主要原因之一。一般橡胶随着结晶度提高，拉伸强度增大。

拉伸强度还与温度有关，高温下材料的拉伸强度远远低于室温下的拉伸强度。材料的拉伸强度跟交联密度有关，随着交联密度的增加，拉伸强度提高，出现最大值后继续增加交联密度，拉伸强度会大幅下降。硫化橡胶的拉伸强度随着交联键能增加而减小。能产生拉伸结晶的天然橡胶，弱键早期断裂，有利于主键的取向结晶，因此会出现较高的拉伸强度。通过硫化体系，采用硫磺硫化，选择促进剂 DM/M/D 并用，也可以提高拉伸强度(炭黑补强剂除外，因为炭黑有生热作用)。

拉伸强度与填充剂(如补强剂、软化剂等)有关，补强剂是影响材料拉伸强度的重要因素之一。填料的料径越小，比表面积越大，表面活性越大，补强性能越好，拉伸强度越大。结晶橡胶的硫化胶，出现单调下降，因为是自补强性非结晶橡胶如丁苯随着用量增加补强性能增加，过度使用会有下降趋向。低不饱和橡胶随着用量的增加达到最大值可保持不变。

拉伸强度与软化剂有关，加入软化剂会降低材料的拉伸强度，但少量加入(一般开练机 7 份以下，密炼机 5 份以下)有助于填料的分散，有利于提高材料的拉伸强度。软化剂的不同对材料的拉伸强度降低的程度也不同。一般天然橡胶采用植物油类作软化剂，非极性橡胶如 SBR/IR/BR 用芳烃油，IIR/EPDM 用石蜡油、环烷油，极性橡胶如 NBR/CR 用邻苯二甲酸二丁脂(DBP)/邻苯二甲酸二辛酯(DOP)之类作软化剂。

(3)伸长率。伸长率又称扯断伸长率或延伸率，是材料刚性的倒数。用材料的拉伸量与自然状态下长度之比的百分数表示。材料的允许伸长率是指在不发生永久损坏或永久变形的前提下，可以施加的最大伸长率。

材料只有具有较高的拉伸强度，保证其在变形过程中不受破坏，才会有较高的伸长率。一般若定伸应力大、硬度大，则扯断伸长率小；若回弹性大、永久变形小，则扯断伸长率大。不同的橡胶，其扯断伸长率不同，当天然橡胶的含胶率在 80%以上时，扯断伸长率可达 1 000%。在形变时易产生塑性流动的橡胶也会有较大的伸长率，如丁基橡胶。

(4)压缩永久变形。压缩永久变形是指橡胶密封圈在解除压缩后，并不恢复到原始未压缩的高度，这种特性被称为压缩永久变形，共计算公式为

$$C_s=\frac{d_0-d_r}{d_0}\times 100\% \qquad (2-1)$$

式中：C_s——压缩永久变形，以百分数(%)表示；

d_0——试样初始厚度，单位为 mm；

d_r——试样最终厚度，单位为 mm。

压缩永久变形是衡量密封材料及制品使用性能最直观的重要参数，也是评价其贮存老化

性能的考核指标。硫化橡胶压缩永久变形的大小，涉及到硫化橡胶的弹性与恢复，人们以为橡胶的弹性越好，恢复就越快，永久变形就越小，这种理解是不全面的。永久变形的大小主要是受橡胶恢复能力影响，而影响恢复能力的因素有分子之间的作用力（黏性）、网络结构的变化或破坏以及分子间的位移等。橡胶的变形是由于分子链的伸张引起的，它的恢复（或者永久变形大小）主要由橡胶的弹性所决定，如果橡胶的变形还伴有网络的破坏和分子链的相对流动，这部分可以说是不可恢复的，它与弹性无关，因此，凡是影响橡胶弹性与恢复的因素，都是影响硫化橡胶压缩永久变形的因素。

温度对橡胶的变形影响较大，一般室温下永久变形量最小，高温和低温都会使永久变形量增加，以至密封失效。高温会加速橡胶材料的老化，工作温度越高，压缩永久变形就越大。当永久变形大于 40％时，O 形密封圈就会失去密封能力而发生泄漏。因压缩变形而在橡胶密封圈的橡胶材料中形成的初始应力，将随着橡胶密封圈的驰张过程和温度下降而逐渐减小以至消失。在零度以下工作的密封圈，其初始压缩可能由于温度的急剧降低而减小或完全消失。在－50～60℃的情况下，不耐低温的橡胶材料会完全丧失初始应力。即使耐低温的橡胶材料，此时的初始应力也不会大于 20℃时初始应力的 25％，这是因为橡胶密封圈的初始压缩率取决于线膨胀系数，所以，选取初始压缩量时，就必须保证在由于驰张过程和温度下降而造成应力下降后仍有足够的密封能力。在 0℃以下工作的橡胶密封圈，应特别注意橡胶材料的恢复指数和变形指数。综上所述，在设计上应尽量保证橡胶密封圈具有适宜的工作温度，或选用耐高温、低温的橡胶密封材料，以延长使用寿命。

橡胶件受力后的压缩率一般不允许超过 30％，拉伸率不允许超过 5％，否则将产生永久变形，密封失效。制作橡胶密封圈所用的各种配方的橡胶，在压缩状态下都会产生压缩应力松弛现象，此时，压缩应力随着时间的增长而减小。使用时间越长、压缩率和拉伸率越大，则由橡胶应力松弛而产生的应力减小就越明显，以致 O 形密封圈的弹性不足，失去密封能力。因此，在允许的使用条件下，设法降低压缩率是可取的。增加 O 形密封圈的截面尺寸是降低压缩率最简单的方法，不过这会带来结构尺寸的增大。应该注意，人们在计算压缩率时，往往忽略橡胶密封圈在装配时受拉伸而引起的截面高度减小。橡胶密封圈截面面积的变化是与其周长的变化成反比的。同时，由于拉力的作用，橡胶密封圈的截面形状也会发生变化，就表现为高度的减小。此外，在表面张力的作用下，橡胶密封圈的外表面变得更平了，即截面高度略有减小。这也是橡胶密封圈压缩应力松弛的一种表现。橡胶密封圈截面变形的程度，还取决于橡胶密封圈材质的硬度。在拉伸量相同的情况下，硬度大的硅橡胶密封圈，其截面高度也减小较多，从这一点看，应该按照使用条件尽量选用硬度小的材质。在液体压力和张力的作用下，橡胶密封圈也会逐渐发生塑性变形，其截面高度会相应减小，以至最后失去密封能力。

工作介质的压力是引起橡胶密封圈永久变形的主要因素，由于现代液压设备的工作压力正日益增大，长时间的高压作用会使橡胶密封圈发生永久变形。因此，设计时应根据工作压力选用适当的耐压橡胶材料。工作压力越高，所用材料的硬度和耐高压性能也应越高。为了改善橡胶密封圈的耐压性能，增加材料的弹性（特别是增加材料在低温下的弹性）、降低材料的压缩永久变形，一般需要改进材料的配方，加入增塑剂。然而，具有增塑剂的橡胶密封圈，长时间在工作介质中浸泡，增塑剂会逐渐被工作介质所吸收，导致橡胶密封圈体积收缩，甚至可能使硅橡胶密封圈产生负压缩（即在橡胶密封圈和被密封件的表面之间出现间隙）。因此，在计算橡胶密封圈压缩量和进行模具设计时，应充分考虑到这些收缩量。应使压制出的橡胶密封圈在工作介质中浸泡 5～10 个昼夜后仍能保持必要的尺寸。橡胶密封圈的压缩永久变形率与温度有关。当变形率在 40%或更大时，即会出现泄漏，所以几种胶料的耐热性界限为丁腈橡胶 70℃、三元乙丙橡胶 100℃、氟橡胶 140℃。因此，各国对橡胶密封圈的永久变形做了规定。同一种材料的橡胶密封圈，在同一温度下，截面直径大的橡胶密封圈压缩永久变形率较低。在油中的情况不同，由于此时橡胶密封圈不与氧气接触，所以上述不良反应明显减少。加之又通常会引起胶料发生一定的膨胀，所以因温度引起的压缩永久变形率将被抵消。因此，在油中的耐热性大为提高。以丁腈橡胶为例，它在油中的工作温度可达 120℃或更高。

(5)撕裂强度。橡胶的撕裂是由于材料中的裂纹或裂口受力时迅速扩大而开裂导致破坏的现象。撕裂强度与拉伸没有直接关系，在许多情况下撕裂与拉伸不成正比。一般情况下，结晶橡胶比非结晶橡胶撕裂强度高。撕裂强度与温度有关，除了天然橡胶外，高温下一般橡胶的撕裂强度均有明显下降。炭黑、白炭黑填充的橡胶撕裂强度也有明显的提高。

撕裂强度与硫化体系有关，多硫键有较高的撕裂强度，若硫磺用量高，则撕裂强度高，但过多的硫磺用量又会导致撕裂强度明显下降。使用硫化曲线平坦性较好的促进剂有利于提高材料的撕裂强度。

撕裂强度还与填充体系有关，各种强填充如炭黑、白炭黑、白艳华、氧化锌等，可获得较高的撕裂强度。某些硅烷等偶联剂可以提高撕裂强度。通常加入软化剂会使撕裂强度下降，如石蜡油会对丁苯胶的撕裂强度极为不利，而加入芳烃油却变化不大，如 CM/NBR 用脂类增塑剂比其他软化剂的影响小得多。

(6)定伸应力。定伸应力与硬度都是橡胶材料的重要刚度指标，是硫化胶产生一定形变所需要的力，与较大的拉伸形变有关，两者相关性较好，变化规律基本一致。

橡胶分子量越大，有效交联定伸应力越大。为了得到规定的定伸应力，可对分子量较小的橡胶适当提高交联密度。凡能增加分子间作用力的结构因素，都能提高硫化胶抵抗变形的能力，如 CR/NBR/UR/NR 等有较高的定伸应力。

定伸应力受交联密度影响极大。不论是纯胶还是补强硫化胶，随着交联密度的增加，材料的定伸应力与硬度也随之直线增加。提高橡胶的定伸应力和硬度，通常是通过对硫化剂、促进剂、助硫化剂和活性剂等品种的调节来实现的。多硫键有利于提高定伸应力，因此，含硫的促进剂对提高定伸应力有更显著的效果。填充剂能提高制品的定伸应力、硬度。补强性能越高，硬度越高，定伸应力就越高。相反，软化剂越多，硬度就越低，定伸应力就越低。除了增加补强剂外，还有并用烷基酚醛树脂(硬度可达 95 度)/高苯乙烯树脂(使用树脂 RS)/促进剂 H 并用体系(硬度可达 85 度)等。

(7)耐磨性。耐磨性能是表征硫化胶抵抗摩擦力作用下因表面破坏而使材料损耗的能力，是与橡胶制品寿命密切相关的力学性能。耐磨性的形式有以下几种。

1)磨损磨耗。磨损磨耗是指在摩擦时表面上不平的尖锐的粗糙物不断地切割、乱擦，致使橡胶表面接触点被切割、扯断成微小的颗粒，从橡胶表面脱落下来，形成的磨耗。材料的磨损磨耗强度与压力成正比，与拉伸强度成反比，随着回弹性提高而下降。

2)疲劳磨耗。疲劳磨耗是指与摩擦面相接触的硫化胶表面，在反复摩擦的过程中受周期性的压缩、剪切和拉伸等变形作用，使橡胶表面产生疲劳，并逐渐在其中产生裂纹的磨耗。这些裂纹的发展造成材料表面的微观剥落。疲劳磨耗随着橡胶的弹性模量、压力提高而增加，随着拉伸强度和疲劳强度降低而增加。

3)卷曲磨耗。卷曲磨耗是指与橡胶光滑的表面接触时,由于摩擦力的作用,使硫化胶表面不平的地方发生变形,并撕裂破坏,成卷地脱离表面的磨耗。

(8)脆性温度和玻璃化温度。玻璃化温度和脆性温度是聚合物(包括橡胶)在低温下,力学性能发生形态突变时对应的温度。脆性温度是橡胶耐寒性的指标,其值越低,耐寒性越好。玻璃化温度是高聚物由高弹态转变为玻璃态的温度,在此温度以上,高聚物表现出弹性;在此温度以下,高聚物表现出脆性。因此橡胶密封圈的工作温度必须在玻璃化温度以上,否则橡胶密封圈就失去高弹性。

(9)弹性。橡胶是一种具有可逆形变的高弹性聚合物材料,在室温下富有弹性,在很小的外力作用下能产生较大的变形,除去外力后能恢复原状。弹性可以用回弹力来度量,橡胶的回弹性表征橡胶受力变形中可恢复的弹性变形大小。在同样的变形率下,弹性大,回弹力就大。弹性随温度有较大的变化,许多橡胶在−20～20℃时弹性出现最小值,而某些橡胶在很宽的温度范围内弹性变化不大。

一般来说,伸长率大、永久变形小的橡胶,弹性好;分子量大的橡胶弹性好;分子链分布窄的橡胶弹性好;分子链柔顺性好的橡胶弹性好;橡胶结晶后弹性变差;分子间的作用力增大,橡胶弹性有所降低(如丁苯橡胶、丁腈橡胶)。各橡胶(未填料)的回弹性从大到小的顺序如下:BR—NR—EPDM—NBR-18—SBR—NBR-26— CR—NBR-40—IIR—ACM。此外,橡胶的弹性还有如下特点:弹性随交联密度的增加出现最大值;多硫键有较好的弹性;用高硫配效力低的促进剂有较好的弹性;噻唑和次磺酰胺类促进剂有较好的弹性;对于 NBR、DCP,无硫硫化体系回弹性比常规硫化体系的高;对于 NR,采用半有效硫化体系的硫化胶弹性最好,其次是普通、有效硫化体系;提高含胶率是提高回弹性最有效的办法;加入粒径小、表面活性大、结构度高的填料使橡胶的回弹性降低;胶料的弹性随填料用量的增加而下降,不过碳酸钙、陶土用量不超过 30 份(100 份生胶)时对弹性影响不大;软化剂使橡胶的弹性降低(EPDM 除外)。

O 形圈的质量检验和物理力学性能试验方法也有一系列标准可供查阅,如 GB/T3452.2—2007《液压气动用 O 形橡胶密封圈第二部分:外观质量检验规范》、GB/T5720—2008《O 形橡胶密封圈试验方法》、JB/T6660—1993《气动用橡胶密封件通用技术条件》、JB/T7757.2—2006《机械密封用 O 形橡胶圈》等。标准 GB/T3452.2—2007 规定了液压气动用 O 形橡胶密封圈外观质量检验的判定依据,对 O 形圈的表面缺陷进行了定义和分类,并对这些缺陷规定了最大允许极限值,本标准也适用于航空航天工程中使用的 O 形圈。标准 GB/T5720—2008 规定了实心硫化 O 形橡胶密封圈的尺寸测量、硬度、拉伸性能、热空气老化、恒定形变压缩永久变形、腐蚀试验、耐液体、密度、收缩率、低温试验和压缩应力松弛的试验方法。标准 JB/T6660—1993 规定了气动用橡胶密封件的技术要求、检验规则和抽样方法,适用于以压缩空气为工作介质的一般用途的各类气动用密封件,对特殊用途的气动密封件,本标准可作为参考。标准 JB/T7757.2—2006 规定了机械密封用 O 形橡胶密封圈的尺寸系列、极限偏差、技术要求、试验方法、检验规则及包装、运输和贮存等要求。

4.规格尺寸

O 形橡胶密封圈的结构如图 2-3 所示,D 为 O 形圈内径,d 为截面直径。O 形橡胶密封圈的尺寸选用也有国家和机械行业标准可供查阅,如国家标准 GB/T3452.1—2005《液压气动用 O 形橡胶密封圈　第 1 部分:尺寸系列及公差》、机械行业标准 JB/T1092—2018《O 形真空

用橡胶密封圈　型式及尺寸》、JB/T6659—2007《气动用 O 形橡胶密封圈尺寸系列和公差》。标准 GB/T3452.1—2005 规定了用于液压气动的 O 形橡胶密封圈(简称 O 形圈)的内径、截面直径、公差和尺寸标识代号,适用于一般用途(G 系列)和航空及类似的应用(A 系列)。标准 JB/T1092—2018 规定了 O 形真空用橡胶密封圈的型式及尺寸,适用于外部为大气压力、真空室压力高于 0.1 Pa 的往复运动真空机械设备的密封,在规定的温度下且当往复运动速度低于 0.2 m/s 时,真空机械设备其他情况下的密封也可选用。标准 JB/T6659—2007 规定了气动用 O 形橡胶密封圈的尺寸及公差,适用于气动用截面直径不大于 2.65 mm 的 O 形橡胶密封圈。表 2-3 列出了 O 形圈的规格适用范围,以便选择时参考。

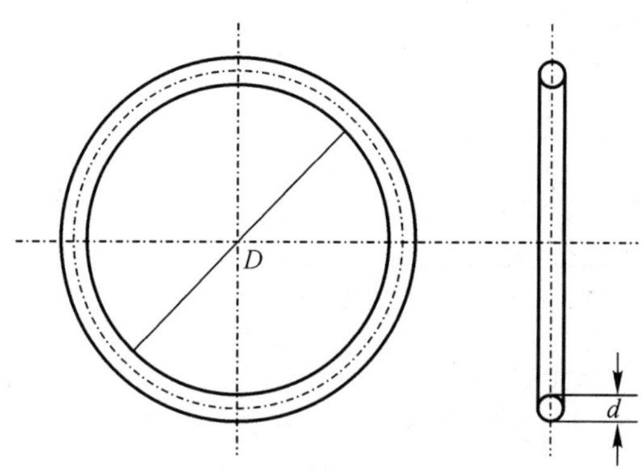

图 2-3　O 形圈结构图

表 2-3　O 形圈规格使用范围的选择

O 形圈规格范围/mm		应用					
		活塞密封			活塞杆密封		
断面直径 d	实际内径 D	液压动密封	气动动密封	静密封	液压动密封	气动动密封	静密封
1.80	3.75～4.50				*	*	*
	4.87		*		*	*	*
	5.00～13.2	*	*	*	*	*	*
	14.0～50.0			*			*
2.65	7.10～22.4	*	*	*	*	*	*
	23.6～180			*			*
3.55	18.0～41.2	*	*	*	*	*	*
	42.5～200			*			*
5.30	40.0～115	*	*	*	*	*	*
	118～400			*			*
7.00	109～250	*	*	*	*	*	*
	258～670			*			*

注:“*”为推荐使用密封形式。

2.2.2 密封沟槽

固体火箭发动机O形圈密封结构常用的密封沟槽有矩形槽、自紧槽、自紧斜凸台加矩形槽和凸台加矩形槽等形式，密封槽形式及其应用情况见表2-4。除此之外，还有三角形沟槽、V形沟槽、半圆形沟槽和燕尾形沟槽(也称梯形沟槽)等。

表2-4 SRM密封槽结构形式

名　称	结构形式	应　用
矩形槽		加工容易，安装方便，适用于静密封与动密封，应用广泛
自紧槽	5°±30′	单向密封效果好，不适用于双向密封
自紧斜凸台+矩形槽	5°~10°	不易挤入间隙，密封效果好
凸台+矩形槽		密封效果好

矩形槽是应用最为广泛的密封槽结构形式，其结构尺寸如图2-4所示，沟槽尺寸的确定方法如下。

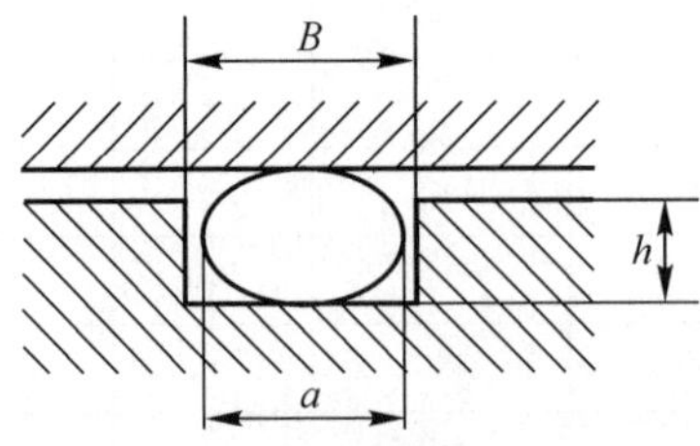

图2-4 矩形槽的结构尺寸示意图

密封槽的深度 h 按下式计算，即

$$h=(1-\varepsilon)d \tag{2-2}$$

式中：d——O形圈的截面直径；

ε ——初始压缩率。

O 形圈压缩后的宽度 a 按下式计算，即

$$a = d\left(\frac{1}{1-\varepsilon} - 0.6\varepsilon\right) \tag{2-3}$$

密封槽的宽度 B 取比 a 略大的整数。

对密封槽尺寸和 O 形圈截面尺寸的极限偏差按下式进行校核，即

$$\eta = 4h \cdot B/(\pi d_2) = 1.1 \sim 1.3 \tag{2-4}$$

对于其他结构形式密封槽的深度 h 和宽度 B 尺寸的确定，按槽中心位置尺寸同矩形槽相同的方法来处理。

密封结构沟槽尺寸与 O 形圈相匹配，才能保证良好的密封。O 形圈及沟槽的尺寸系列，有多种标准可查，如国家标准 GB/T3452.3—2005《液压气动用 O 形橡胶密封圈沟槽尺寸》、JB/T6658—2007《气动用 O 形橡胶密封圈沟槽尺寸和公差》。

GB/T3452.3—2005 规定了液压气动一般应用 O 形橡胶密封圈的沟槽尺寸和公差。JB/T6658—2007 规定了工作压力不大于 1.6 MPa 的气动用 O 形橡胶密封圈的沟槽尺寸和公差，本标准适用的 O 形圈使用的合成橡胶材料硬度为(70±5)IRHD。

2.3　对 O 形圈密封结构性能影响的因素

在 O 形圈密封结构中，预紧力和被密封介质的性质对 O 形圈密封结构的性能有很大影响。此外，拉伸率、压缩率、胶料特性、结构设计和选型、制造过程精度和误差以及装配也对密封性能有一定影响。下面对这些问题进行简单讨论。

2.3.1　拉伸率

为便于 O 形圈的安装使用，使其在安装过程中不容易从沟槽中滑出，一般密封圈的内径圆周长度应略微小于沟槽底部的圆周长度，如图 2-5 所示。沟槽底部的圆周长度与密封圈的内径圆周长度之比值称为拉伸率。其计算公式为

$$\delta = \frac{D_1}{D} \tag{2-5}$$

式中：D_1——与 O 形圈内径配合的轴或槽底径；

D ——O 形圈内径；

δ ——拉伸率。

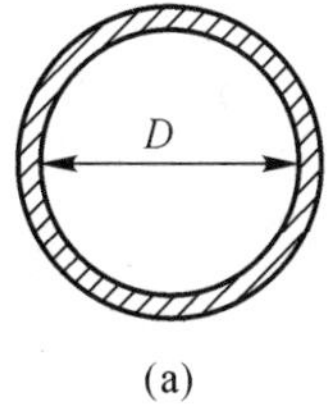

(a)

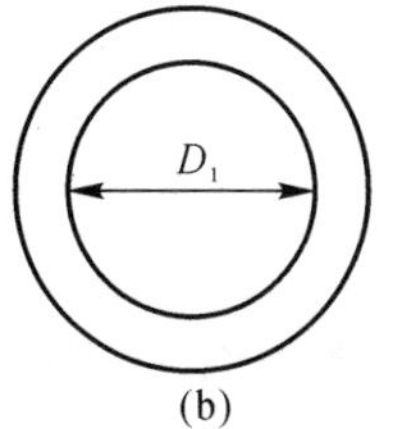

(b)

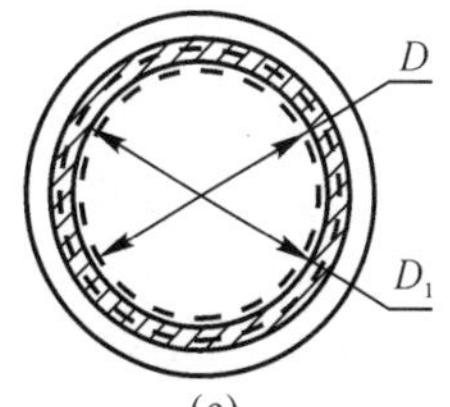

(c)

图 2-5　O 形圈拉伸示意

(a)O 形圈；(b)沟槽；(c)装配后

由于拉力的作用，O形圈的截面形状会发生变化，在橡胶硬度相同的情况下拉伸率越大，截面形状发生变化程度越大，橡胶的应力松弛愈明显。另外，在动密封的运动过程中，密封圈与缸筒摩擦发热，处于拉伸状态下的橡胶遇热会产生收缩现象（即所谓的焦耳热效应），从而使密封圈容易失去弹性而影响密封效果。因此在满足安装条件的前提下应尽可能减小密封圈的拉伸率。

通常情况绝对拉伸量 $\Delta=D_1-D$ 取小拉伸量，$\Delta<1$ mm，苏联和我国航天标准则取大拉伸量 $\Delta\geqslant1$。但从橡胶强度方面考虑，拉伸率越小越好，因为拉伸越大，O形圈受的应力也越大，不仅影响密封可靠性和寿命，而且不易装配。

大量的实践经验证明，最佳选择为 δ 略大于1（一般在1.0～1.04，最大不超过1.2）。

O形圈在径向受到挤压时，为保证初始安装和低压状态下的密封效果，密封设计时应注意径向变形量的控制。安装在内沟槽（做“外圆密封”）时，O形圈应设计一定的拉伸量，最大不超过5%；安装在外沟槽（做“内圆密封”）时，O形圈应设计一定的径向压缩量，最大不超过1%。安装状态若超过以上拉伸或压缩量，会导致O形圈截面尺寸过度增加或减小，影响工作寿命。

2.3.2 压缩率

压缩率就是密封圈截面在沟槽中被压缩距离与自然状态下密封圈截面直径之比值。其计算公式为

$$\varepsilon=\frac{d-h}{d} \tag{2-6}$$

或

$$\varepsilon=\frac{d-b}{d} \tag{2-7}$$

式中：ε——压缩率；

d——密封圈截径；

h——沟槽深度；

b——密封圈截面压缩后的椭圆短轴。

O形圈安装槽的深度 h 应小于密封圈截面直径 d，使安装后的O形圈有一定的径向压缩，从而保证结构的密封性。故压缩率的大小直接影响密封结构的可靠性。在O形圈密封结构的设计过程中，往往由于忽视对压缩率的合理选取，使密封圈不能达到理想的密封效果。当压缩率选择过小时，由于密封圈与沟槽的配合公差波动和O形圈在装配时受拉伸而引起的截面尺寸的减小，压缩量可能部分被抵消，使初始接触压力 p_0 偏小而导致其叠加接触压力 p_m 小于工作压力 p，密封圈不能自锁而出现流体介质泄漏。当压缩率过大时，不便于密封圈的安装使用，导致安装后密封圈接触应力增大而加速其表面的磨擦损伤，或密封圈部分被扭曲，甚至配合件沟槽被挤压发生变形（特别是配合件为塑料制品时更为敏感），从而影响密封圈的密封性能或者降低其使用寿命。压缩率过大时也会因压缩应力的作用而容易产生橡胶的永久变形，当拆卸后重新安装时截面变形难以复原，导致密封失效，在高温、高压状态下尤为明显。

在产品设计时，应根据不同的应用，选择不同的压缩率。静态密封相对于动态密封压缩率可适当增大。一般情况下，在可以选用几种截面O形圈的情况下应优先选用较大截面密封圈，通过调整沟槽截面尺寸使其在满足密封条件的前提下，设法减小压缩率，这对于降低压缩

永久变形和避免过度的磨擦损伤是有利的。

以下为几种应用的压缩率(经验数值)。

(1)静密封应用:15%～30%。

(2)动密封应用(液压):6%～20%。

(3)动密封应用(气压):4%～12%。

1. 拉伸率对压缩量的影响

上面提到,拉伸率对压缩量有影响,即 O 形圈在装配时受拉伸而引起截面尺寸减小,压缩量可能部分被抵消,导致压缩量不足。有一个经验公式可用来计算拉伸后 O 形圈的截面高度,即椭圆短轴 b。该经验公式源于美国标准 ARP1231,即

$$b = d(1 - \frac{1}{10}\sqrt{6\delta}) \tag{2-8}$$

式中:δ——拉伸率;

d——O 形圈截径;

b——O 形圈压缩后的椭圆短轴。

式(2-8)不仅适用于大拉伸,在拉伸不大的情况下更准确,且适用于中高硬度的胶料。

在设计时,按式(2-6)计算压缩率,结合公式(2-8)可看出拉伸率与压缩率之间的关系。当拉伸率较大时,为弥补拉伸产生的压缩率降低,可将压缩率相应地取大些。压缩率和拉伸率可参照表 2-5 选择。

表 2-5　压缩率与拉伸率的选择

密封形式	密封介质	压缩率 ε/(%)	拉伸率 δ/(%)
静密封	液压油 空气	15～25 15～25	1.03～1.04 <1.01
往复动密封	液压油 空气	12～17 12～17	1.02 <1.01
旋转动密封	液压油	5～10	0.95～1

2. 截面直径 d 的影响

当 d 较小时,密封接触面小,应取较大的压缩率以保证密封;当 d 较大时,则可取较小的压缩率以便于装配、减小摩擦和增加活动结构的灵敏度。

其他条件相同时,动密封结构的 d 应选偏大些,以减小 O 形圈的扭转并增大密封面积,从而延长使用寿命;静密封的 d 应取偏小些,以减小结构尺寸。另外,在对低温密封性有特殊要求的产品中,应选择 d 偏大些的 O 形圈。

3. 橡胶硬度的影响

如 2.3.1 节所述,硬度是指橡胶表面抵抗塑性变形或破裂的能力,是密封用橡胶的重要指标,硬度越高耐介质压力的能力越强。硬度低的橡胶能经受较大的变形,可取较大的压缩率;而硬度高的橡胶,则相应地取较小的压缩率,部分橡胶的硬度与耐压能力见表 2-6。

表 2-6 橡胶硬度与耐压能力

橡胶名称	材料的常温力学性能			适用压力范围/MPa
	邵氏硬度(HA)	抗拉强度/MPa	伸长率/(%)	
丁腈橡胶	80	22.0	400	2.0
	90	27.0	306	20.0
	95	25.0	120	50.0
合成树脂	96	28.0	180	50.0

4. 压缩永久变形的影响

压缩永久变形是反映橡胶性能的一个重要参数。压缩永久变形小的橡胶，可取较小的压缩率；反之，则应取较大的压缩率，以弥补永久变形，从而保证良好的密封性。

5. 压力和温度的影响

使用压力高的结构密封圈应取较大的压缩率，反之则取较小值。在高温下因橡胶的膨胀系数比金属大十几倍，故应适当取较小的压缩率。但要注意验算低温下的压缩率，保证其不低于最小压缩率，以保证在整个工作温度范围内均能可靠密封。

6. 摩擦影响

静密封可选取较大的压缩率，而动密封，因要求有较高的灵敏度，要求摩擦力尽可能小，应选取较小的压缩率。

2.3.3 胶料特性

O 形圈胶料的选用应根据其工作条件(包括流体介质特性、介质工作温度及工作压力等)决定，O 形圈胶料一般要求具有耐腐蚀、耐老化、抗撕裂性能以及具有较小的压缩永久变形。其中耐老化和抗永久变形是 O 形圈的重要性能指标。目前常用的密封胶料有丁腈橡胶、乙丙橡胶、氯橡胶、硅橡胶、氟橡胶和天然橡胶等。介质的工作压力和工作温度是密封圈使用过程产生永久变形的主要因素。实践表明，长时间的高温、高压作用容易使 O 形圈发生老化和永久变形。而工作温度过低，在 O 形圈的橡胶材料中形成的初始应力会降低或完全消失，密封性能也随之失效。因此，在设计上应结合具体情况综合考虑材料的经济性及可用性，尽量选用合适的 O 形圈橡胶材料以适应不同的工作温度和工作压力。工作压力越高，所用材料的硬度和耐高压性能也应越高。

2.3.4 结构设计和选型

O 形圈密封结构设计和选型对密封性能和密封结构寿命有着至关重要的影响，结构设计和选型不当可能造成接触压力不足或过大，密封圈磨损、挤伤、破裂和扭曲等，最终导致密封失效。O 形圈密封结构设计或选型不当主要有以下原因：①对密封介质的化学物理性质和使用条件掌握不够全面，设计阶段出现错误；②当使用环境或介质发生变化时，忽视了对 O 形圈密封适应性的再评估。下面对密封沟槽的设计进行简单说明。

1. 轴孔密封时槽宽设计

正常情况下，轴孔密封时沟槽宽度必须大于 O 形圈截面直径（简称截径）d，以保证其有自由变形的余地，槽宽公式为

$$B = K_1 d \tag{2-9}$$

式中：B——槽宽；

K_1——槽宽系数，取值参照表 2-7；

d——O 形圈截径。

表 2-7　槽宽系数表

O 形圈截径/mm	标准			
	GB	BS4518	AH	HB
1.4～2.0	1.31	1.44	1.16～1.29	1.22～1.33
2.4～3.6	1.29～1.33	1.23～1.33	1.11～1.2	1.17～12
4～8.6	1.28～1.33	1.07～1.32	1.12～1.14	1.15～1.18

小槽宽的优点是密封尺寸结构紧凑，但槽的空间不够大，O 形圈不能自由变形，往往会受到槽侧壁的阻挡而处于四面受挤的状态，受力条件恶劣，并增加了 O 形圈挤入间隙而损坏的可能性，使其寿命缩短且可靠性大幅下降。从装卸的角度出发，也倾向于大槽宽设计。但槽宽过大，易导致 O 形圈扭曲、翻转，从而影响密封效果，因此，槽宽的设计应根据产品设计的实际情况，从多方面进行综合考虑。

2. 端面静密封时槽宽与压缩率

O 形圈在轴向受到挤压时，在压力作用下，会产生径向蠕动。密封设计时要注意压力的方向，若压力来自内侧，则 O 形圈的外径应与沟槽的外径接触（其周长压缩小于 1%）；若压力来自外侧，则 O 形圈的内径应与沟槽的内径接触，最大允许拉伸 3%。压缩率按 15%～30% 计算，沟槽宽度可依据式（2-9）（K_1 值取 1.2～1.25）进行计算。

3. O 形圈溶胀对槽宽的影响

当 O 形圈和流体接触时，会吸收一定量的流体，其溶胀性随不同流体而变化。O 形圈沟槽的体积应适应 O 形圈溶胀以及由于温度升高而产生的 O 形圈膨胀。对于静密封情况，允许采用体积溶胀值为 15% 的密封材料；对于动密封情况，推荐使用低溶胀值的 O 形圈材料，但应始终避免负溶胀，即“收缩”现象出现。

当采用体积溶胀值大于 15% 的密封材料时，沟槽宽度应适当增加。

4. 沟槽表面粗糙度值的选择

在压力作用下，O 形圈将紧贴在密封表面。对气体或液体密封的紧配合静密封，密封表面应满足一些基本的要求，密封表面上不得有开槽、划痕、凹坑、偏心或螺旋状的加工痕迹。对于动密封，配合面的粗糙度值要求更高。按照 GB/T3452.3—2005 标准中对表面粗糙度值的规定，沟槽和配合件表面的粗糙度值见表 2-8。

表 2-8　沟槽和配合件表面的粗糙度值表

表面	应用情况	压力情况	表面粗糙度 *Ra*	
			最小	最大
沟槽底面和侧面	静密封	压力恒定	3.2	12.5
		压力脉动	1.6	6.3
	动密封		1.6	6.3
配合表面	静密封	压力恒定	1.6	6.3
		压力脉动	0.8	3.2
	动密封		0.4	1.6
导角表面			3.2	12.5

5. O 形圈挤出极限与间隙

O 形圈在沟槽中受到压力时，会发生变形，流向间隙位置，达到密封效果。也就是说，随着压力的增加，O 形圈会发生更大的变形，其应力也增加，获得更紧的密封。在 O 形圈承受高压的情况下，会被挤入间隙中，造成密封失效。设计时，应使间隙尽可能小。挤出间隙的极限大小取决于 O 形圈的硬度、工作压力及沟槽间隙大小。为了使 O 形圈具有良好的密封作用并延长其使用寿命，必须使 O 形圈的安装沟槽和密封部位的间隙设计恰当。一般情况下，O 形圈沟槽的径向间隙必须保持在表 2-9 所示范围内，否则会导致 O 形圈从间隙中挤出。当工作压力小于 9.8 MPa 时，一般不设计挡圈；当压力大于 9.8 MPa 时，O 形圈承压面易被挤出，应加挡圈。若单向受压，在承压面设置一个挡圈；若是双向受压，则要设置两个挡圈。若不加挡圈，则应按表 2-10 选择密封间隙。

表 2-9　密封间隙与工作压力、O 形圈硬度的关系(单位:mm)

压力/MPa	硬度(HS)		
	70	80	90
0～5	0.15～0.10	0.20～0.15	0.25～0.15
5～10	0.10～0.06	0.15～0.08	0.15～0.10
10～15	0.06～0.03	0.08～0.06	0.10～0.05
15～25	0.03～0.02	0.06～0.04	0.08～0.06

表 2-10　O 形圈不使用挡圈时的最大允许间隙量(单位:mm)

硬度/HS	压力/MPa				
	≤3.5	3.5～7.0	7.0～10.3	10.3～13.7	13.7～20.6
70	0.20	0.125	0.075	0.05	0.02
80	0.35	0.30	0.25	0.20	0.15

此外，在密封结构设计和选型时还应注意以下几点。

(1)工作压力。密封装置的型式、结构和材料等,几乎所有的设计内容,都与工作压力有关,工作压力是密封设计的主要依据之一。正确选用耐压条件足够的结构和型式,以减小密封圈在介质压力作用下的永久变形。高压时,要采用刚性大的橡胶材料,注意控制密封挤出间隙,必要时设计挡圈。在高压 35 MPa 以上工作,或密封结构频繁地受到冲击载荷时,可在密封压力侧增设一个缓冲密封圈,避免高压冲击直接作用于主密封圈上,可延长密封结构使用寿命。低压时密封结构工作性能多与摩擦有关,采用 PTFE 密封圈是解决这一问题的有效措施。

(2)工作温度。准确把握密封圈的使用温度,选择与之适应的密封材料,也是密封结构设计和选型的重要要求。密封圈在高温下使用,会加速材料劣化、寿命缩短,为此应选用高饱和丁腈橡胶(NEM 或 H-NBR)或氟橡胶 FKM 等耐热性能好的密封材料。工作温度低至 0℃或更低时,应注意密封的耐低温设计,特别注意密封圈应选用耐低温的 NBR 等材料。当密封介质温度在 80℃以下时,一般机械密封都能适用,温度高于 150℃的机械密封为高温密封,常采用焊接金属波纹管结构。低于－20℃的密封为普通低温密封,低于－50℃的密封为深冷密封。

(3)工作介质。必须全面了解各种可能使用的工作介质和密封材料的相容性,如长期在化工溶剂中工作的密封材料要特别注意选择与工作介质 pH 值相适应的材质。工作油液或润滑油脂与密封材料不相容会引起膨胀或收缩等现象,造成密封工作状态不良,或加速密封材料老化、失效,所以也要对工作油液和润滑油脂进行选择。

(4)工作环境。同一密封在不同的工作环境条件下出现故障的概率和使用寿命有很大不同。在润滑不良或粉尘严重的环境下,会加剧密封圈的磨损,这种情况下要选用耐磨性好的密封材料,并注意防尘圈的使用,提高防尘性能。

(5)振动和冲击。设备密封受振动、冲击会使密封装置失效,介质泄漏加剧,因此选用的密封元件和材质,应具有耐振动和耐冲击性能。设备的振动引起密封部分的紧固件的松动,压紧力变化产生泄漏,同时也直接影响密封磨损以及密封位置的偏移产生泄漏,因此在密封结构中要考虑提高材料的弹性,改善密封偏心补偿能力的方法。

2.3.5　制造精度和质量

密封圈的密封性能除了与橡胶压缩率、拉伸率和胶料的特性有关之外,对配合件加工精度(包括表面粗糙度和尺寸形位误差)也有一定的要求。在密封装置中,接触表面的粗糙度会直接影响 O 形圈表面的摩擦与磨损程度。一般情况,粗糙度越高磨损程度越小,密封效果也越好。但是,实践证明,表面粗糙度过高不仅增加加工制作成本,有时还会加剧橡胶的磨损程度。这是因为微观的表面粗糙,可以保持配合件表面附着足够的润滑油膜。

配合件的形位精度(包括圆度、圆柱度和同轴度等)也是影响密封性能的主要原因。例如密封沟槽存在着同轴度或圆柱度偏差以及 O 形圈截面直径不均匀等现象,这些会导致密封圈在沟槽中凸起高度的不相等,使得 O 形圈的一部分压缩量过大,另一部分压缩量过小。当沟槽形位偏心量与 O 形圈截面直径尺寸累积偏差值大于理论 O 形圈的压缩量时,密封圈会局部失效。此处,由于 O 形圈圆周表面各部位所受压力不同,其摩擦力也不一样,摩擦力不一致导致 O 形圈出现扭曲现象。扭曲现象的产生很快使密封圈表面出现损伤或扭断,从而最终导致密封失效。

2.3.6 装配

橡胶类O形圈在安装使用过程中，受拉比受压更容易使其老化。有些安装人员安装前习惯将O形圈当“皮筋”拉一拉，这种做法容易导致O形圈永久变形而影响其使用寿命和密封效果。

也有人错误地参照安装径向活塞气缸动密封的做法，在静态平面O形密封圈表面涂抹润滑脂或密封脂，这不仅不会增强密封效果，反而会阻碍O形圈的正常位移和弹性变形。对于端盖类静态密封，安装时不需要涂抹密封脂类或黏度较大的物质。

在装配过程中，如果沟槽没有清理干净，存在夹杂，则O形密封圈在夹杂部位不能与沟槽紧密接触从而导致密封失效。另外，在装配过程中，螺纹预紧力不够，从而接触应力 p_m 过小，导致密封失效；或者螺纹预紧力过大，使O形圈产生较大变形，一段时间后，也会使密封失效。

2.4 基于接触应力的O形圈结构密封机理

基于接触应力的密封理论认为O形橡胶密封圈是一种挤压密封元件，其密封原理是通过弹性O形元件的挤压变形，在密封接触面上产生接触应力，当接触应力大于内密封介质压力时起到密封作用，而当接触应力小于密封介质压力时密封失效。

在静态密封和动态密封中，接触应力的产生原因和计算原理均不同。对于静态密封，在沟槽设计及O形圈选型、安装和应用正确的前提下，可实现绝对无泄漏密封。

图2-6为静态平面内O形圈的密封原理，O形圈装入密封槽后，其截面因承受一定的预压紧力 p_0 而产生弹性形变[见图2-6(a)]，此时，在没有介质压力或压力很小的情况下，O形圈依靠自身的弹性力作用也可以实现密封；当容腔内充入压力介质时，在介质压力的作用下，O形圈发生位移[见图2-6(b)]，向低压或无压力侧移动，同时其弹性形变量进一步加大，此时，作用于密封配合面的接触压力是预紧力和工作介质压力综合作用产生的，从 p_0 上升为 p_m[见图2-6(c)]。

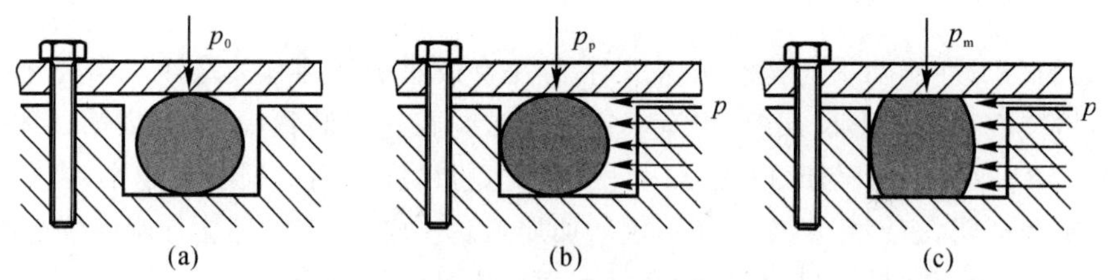

图2-6 静态平面内O形圈的密封原理

(a)预紧力产生的接触应力；(b)介质压力产生的接触应力；(c) 综合作用产生的接触应力

上述压力间存在以下关系：

$$p_m = p_0 + p_p \tag{2-10}$$

式中：p_0——通过O形圈传给密封接触面的初始接触应力；

p_p——正常工作时，工作压力 p 作用于O形圈表面一侧并将O形密封圈推向与之对应的沟槽一侧，同时产生的一个新的接触应力；

p_m——通过O形圈传给密封接触面的叠加接触应力。

当 $p_m > p$ 时，流体介质不会泄漏，O 形圈处于良好的密封状态；当 $p_m \leqslant p$ 时，流体介质会通过 O 形圈与密封接触面泄漏，密封失效。这就是基于接触应力的 O 形圈密封失效判据。

这种通过自身受压缩产生接触应力与工作压力产生的接触应力相叠加而达到密封的作用，称之为自锁性（或自紧式）密封。自锁性密封是 O 形圈密封结构的显著特点。

需要说明的是，要确保 O 形圈密封结构有良好的密封效果，O 形圈与密封接触面之间需要有一定的接触宽度。接触宽度可按下式计算：

$$b_1 = (4\varepsilon^2 + 0.34\varepsilon + 0.31)d \tag{2-11}$$

式中：b_1——接触宽度；

ε——O 形圈压缩率；

d——O 形圈截径。

2.5　基于泄漏率的 O 形圈结构密封机理

基于接触应力的 O 形圈密封理论能够从宏观上揭示密封结构的工作原理并提供失效判据，对密封结构的设计、装配和使用起到了很好的指导作用，是研究密封问题的重要方法。但是，用辩证的眼光来看待问题，密封结构不泄漏是相对的，泄漏是绝对的，只是泄漏量的大小不同而已，当泄漏率小于某一值时，可以认为密封可靠或密封性满足使用要求；当泄漏率大于某一值时，则认为密封失效，这就是基于泄漏率的密封理论。

基于泄漏率的密封理论是著名科学家 Roth 在其《真空技术》一书中提出的。Roth 认为橡胶 O 形圈密封可归为平面密封问题。从宏观上来看，平面密封的两密封面可认为是“平面”。但从微观上来看，在机械加工过程中，由于芯轴的跳动，加工表面并不是理想的平面，而是由许多微观的凸峰和凹谷组成的平面，如图 2-7 所示。这些凸峰和凹谷便产生泄漏通道，被密封的介质则会沿着这些通道泄漏。当泄漏率（单位时间泄漏的介质的量）Q 小于某一值 Q_0 时（$Q < Q_0$），则不会对设备的正常工作产生影响，因而可以认为其密封可靠。而当泄漏率 Q 大于某一值 Q_0 时（$Q > Q_0$），设备就不能正常工作，可认为其密封失效。这就是基于泄漏率的密封失效判据。

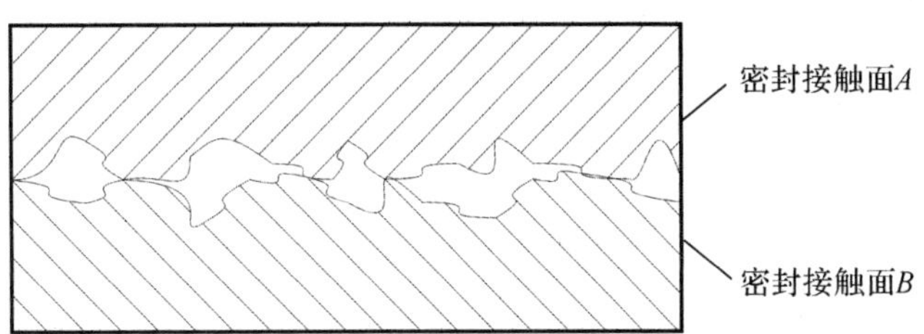

图 2-7　平面密封表面微观形貌

虽然以上两种理论在概念上有很大差异，但对于 O 形圈密封结构来说，其实质是相同的。当给密封面施加一定预紧力时，由于橡胶 O 形圈具有超弹性的特点，密封槽内的 O 形圈产生一定变形，橡胶圈因变形产生回弹力，作用在密封面上，这就是接触应力。同时，密封面上有许多凸峰和凹谷，因橡胶圈可产生较大变形，部分橡胶圈填入凹谷内，使泄漏通道变窄甚至被堵死。接触预紧力越大，橡胶 O 形圈变形越大，产生的接触应力（回弹力）越大，密封面的凹谷填充得越满，泄漏通道越小，流动阻力越大。当有介质压力作用时，流体介质在压力驱动下试图通过泄漏通道克服流动阻力产生泄漏，介质压力越大，驱动力越大，泄漏的介质也越多。但介质压力也同时作用在O形橡胶圈上，使橡胶圈产生更大的变形，从而产生更大的接触应力，也填充更多的泄漏通道，增大流动阻力。当接触应力大于介质压力时，泄漏通道被堵塞得足够多，流动阻力足够大，介质泄漏率足够小，O形圈密封结构能可靠密封。同样，因为介质压力使O形圈变形增大，泄漏通道被堵塞增多，泄漏更困难，密封更好，因而能解释自紧式密封的特点。

接触应力和泄漏率都可以作为密封性能评价指标，但泄漏率指标更加直观和易于理解，而且容易与气密性检查方法的定量判据指标进行换算和比较。本书主要采用泄漏率指标对固体火箭发动机的密封性能进行评估。

第 3 章　固体火箭发动机密封失效原因及密封性能检测方法

3.1　固体火箭发动机密封失效的原因

前已述及，固体火箭发动机在使用中可能出现密封失效。密封结构失效过程往往涉及多因素效应的交互作用，其机制成因复杂。O 形圈密封结构的失效主有以下三方面的原因。

(1)预紧力不满足密封要求，主要是螺纹应力松弛或滑扣、螺栓组件发生断裂、疲劳破坏和应力松弛等。

(2)密封槽表面质量差或密封槽与密封圈之间存在异物，致使密封结构存在泄漏通道。

(3)O 形圈性能不满足密封要求，主要是 O 形圈发生老化、破损、撕裂、切口、磨损、断痕、裂纹、破裂、过分擦伤和变形等，致使密封结构存在泄漏通道。

这些问题的成因又可归纳为设计、制造和使用 3 种因素，下面分别予以探讨。

3.1.1　设计不合理

发动机的密封结构性能是设计和生产出来的，是发动机的固有属性，因此，分析固体发动机密封结构性能应该首先研究其设计和制造质量。如果固体火箭发动机密封结构设计不当，会造成密封结构的密封性能不能满足要求的问题。

固体火箭发动机 O 形圈密封结构设计时，由于 O 形圈胶料选择失当、压缩率选择不当或沟槽尺寸设计不当等都可能会造成密封失效。胶料选择失当，比如胶料的高、低温特性不满足发动机的使用温度，会导致发动机在低温情况下点火启动时由于密封结构初始应力过低而密封失效，或者在工作过程中高温导致 O 形圈永久变形增加而密封失效。压缩率选择不当，比如压缩率过大或过小，会导致装配后密封圈磨损过大、密封圈扭曲或密封圈永久变形增加等使密封失效，或者初始接触压力过低而密封失效。沟槽尺寸设计不当，比如沟槽过宽或过窄，会导致密封圈扭曲或被挤入间隙而密封失效。还有可能出现螺栓组件(或螺纹)预紧力设计不当，出现预紧力设计不足或过大，导致密封圈初始压缩过小而接触应力不足或初始压缩过大而使密封圈破坏或挤入间隙等，引起密封失效。

实际上，固体火箭发动机设计生产企业一般都有固体发动机设计的规范或企业标准，比如航天工业标准 Q/Gf.J3—2001《固体火箭发动机 O 形橡胶圈密封结构设计规范》、航空工业标准 HB/Z 4—1995《O 形密封圈及密封结构的设计要求》等。规范 Q/Gf.J3—2001 是强制性标准，它对固体火箭发动机 O 形橡胶密封结构型式、结构尺寸与公差、工作应力、溢出间隙及寿命等设计要求进行了严格的规定，对 O 形圈的材料选择、密封槽的结构形式、O 形圈结构尺寸与压缩率、密封槽结构尺寸、密封槽和密封凸台公差、表面粗糙度、O形圈工作应力以及密封结构的校验和试验等的确定方法均进行了详细的规定。螺栓组件(或螺纹)预紧力设计也要进行设计校核,一般不会出现设计失当的情况。一种成熟的发动机,只要严格执行了设计规范的要求,其密封结构发生设计不当问题的几率是很小的。

因而,本书在分析固体发动机整体密封性能时,对密封结构失效的设计因素不做过多讨论。

3.1.2 加工制造未达到技术要求

制造因素分零部件加工质量不满足设计要求和装配时发生质量问题两方面。

在沟槽加工时,可能发生表面粗糙度、圆度、圆柱度或同轴度不满足要求,导致橡胶圈磨损或者因橡胶圈不同部位压缩率不同而发生扭曲,继而发生密封失效。在橡胶圈加工时,可能发生O形圈截面直径不均匀,也会导致橡胶圈因不同部位压缩率不同而发生扭曲,继而发生密封失效。

在装配过程中,有可能发生漏装、错装、进入异物、切圈和密封部位划伤等问题,如果密封槽内进入异物,可能使O形圈发生划伤、破损、撕裂、切口、磨损、裂纹和变形等,在密封圈与密封面之间形成泄漏通道,进而引起泄漏。在装配过程中,还有可能给螺栓组件施加预紧力方法不当或不规范,使螺栓预紧力与设计要求不符,出现预紧力不足或过大,导致压缩率过小或O形圈磨损或挤入间隙等,从而发生密封失效。

实际上,O形橡胶密封圈的生产验收有检验标准,如GB/T3452.2—2007《液压气动用O形橡胶密封圈第2部分:外观质量检验规范》、GB/T5720—2008《O形橡胶密封圈试验方法》、JB/T6660—1993《气动用橡胶密封件通用技术条件》等。一个管理完善的设计生产企业应有完整的工艺规程和完善的质量管理体系,每道工序都要严格按照工艺规程进行操作,还要经过严格的质量检验,对质量差的零部件,不放行进入下一道工序。在装配过程中,对沟槽和密封圈都要进行清洁和多余物控制,还要进行外观检查,不允许有质量缺陷的O形圈被装入发动机。对螺栓施加紧固力矩的方法也有明确要求,装配时要进行力矩校核。发动机组装完成后,还要进行整机的密封性检查。因此,装配中出现的质量问题一般都能被及时发现,本书在分析固体火箭发动机整体密封性能时,对加工制造因素也不做过多讨论。

3.1.3 使用环境

固体火箭发动机在使用过程中要经历贮存、测试、运输等环节,可能因环境温度变化、振动冲击和老化等因素发生密封失效。比如固体火箭发动机在使用中经历四季气温变化、昼夜温度变化和南北地域温度变化等,使螺栓组件发生应力松弛。在固体火箭发动机运输过程中可能发生比较强烈的振动和冲击,可能引起螺栓组件松动,甚至发生螺栓断裂,造成密封结合面间隙增大,继而导致密封圈压缩率不足而出现密封失效。固体火箭发动机使用中还可能遇到沙尘、盐雾等恶劣自然环境条件,使发动机进入沙尘等异物引起失效。

实际上,在以上使用环节中,固体火箭发动机一般已与火箭(或导弹)其他舱段对接,密封槽和O形圈也处于固体火箭发动机的对接结构内部,受到其他结构部分的保护,没有外力直接作用,异物也不易进入。螺栓组件虽然部分位于固体发动机结构外部,但一般位于其他相邻舱段内部,受到相邻舱段的保护,一般不会受到外部破坏性载荷的作用导致螺栓断裂。在使用和机动运输中，固体火箭发动机会发生机械振动，对接密封部位也会受到机械振动作用的影响，但这种振动也是小烈度的，不会造成螺栓组件的疲劳破坏，而是有可能使螺栓组件发生应力松弛，造成密封结构预紧力不满足要求。然而，在发动机装配时，为了防止螺栓松动，紧固螺栓组件都打有保险丝，即使在振动作用下螺栓有松动的倾向，也由于保险丝的约束作用而不会发生松动，因而温度变化、应力松弛和冲击振动引起的螺栓松动是可以被抑制的。

很明显，O形圈的破损、撕裂、切口、磨损、断痕、裂纹、破裂、过分擦伤和变形等损伤，一般发生在装配前和装配过程中，装配后位于密封槽内的密封圈则一般不会受到破坏性外力的作用，因而不会出现上述损伤模式。

固体火箭发动机从出厂到最终点火发射，可能要经历比较长的贮存时间，特别是军用固体火箭发动机更是如此，有的可能会贮存10年以上。由于橡胶密封圈属于非金属材料，在长期贮存中非金属材料会有自然老化现象，使密封圈的物理性能和力学性能变差，比如橡胶O形圈的永久变形增加、硬度变低及弹性变差等，最终导致密封失效。橡胶的老化是一种客观存在的自然现象，可以通过改善贮存环境在一定程度上减缓老化速度，但无法通过人工干预完全予以消除。

从以上分析可以看出，O形圈密封结构在设计、生产和使用中可能引起密封失效的各种因素基本上都可以通过各种手段予以消除，但唯独橡胶的自然老化现象无法消除。橡胶老化表现为弹性、硬度、抗拉强度明显降低，严重硬化还会发生龟裂，从而导致密封性能变差甚至密封失效。也就是说，O形圈老化引起的性能劣化是固体火箭发动机使用过程中密封失效的最主要原因，本书的重点正是对橡胶老化引起的固体发动机密封性能的变化进行评估。

3.1.4　橡胶密封圈的老化

1.橡胶密封圈老化的宏观表现

橡胶密封件的老化是指在使用或贮存过程中，由于受到内外因素的综合作用而引起橡胶物理化学性质和机械性能的逐步变差，从而丧失使用价值，其主要表现是表面出现龟裂、发黏、硬化、软化、粉化、裂纹、变色和长霉等现象。老化问题是影响O形橡胶密封结构密封性能的重要因素，必须予以高度重视。橡胶密封件的老化主要有以下一些表现。

(1)密封件变软发黏，比如天然橡胶的热氧老化、氯醇橡胶的老化。

(2)密封件变硬、变脆，比如顺丁橡胶的热氧老化、丁腈橡胶和丁苯橡胶的老化。

(3)密封件出现裂痕，比如不饱和橡胶的臭氧老化和大部分橡胶的光氧老化，但裂纹形状不一样。

(4)密封件发霉，即橡胶的生物、微生物老化。

由于上述原因，直接导致密封件的物理化学性质发生改变，主要包括密封件的密度、导热系数、玻璃化温度、熔点、折光率、溶性、溶胀性、流变性、分子量、分子量分布、耐寒性、透气性、透水性和透光性等的变化；导致密封件物理机械性能的变化，包括拉伸强度、伸长率、剪切强度、疲劳强度、弹性和耐磨性等下降；导致密封件电性能的变化，包括绝缘电阻、介电常数、介电损耗和击穿电压等电性能的变化以及电绝缘性能下降。橡胶密封件物理机械性能的降低即会导致其密封性能下降甚至失去密封能力。

2.橡胶密封圈老化的影响因素

引起橡胶密封件发生老化的主要因素是自然环境，主要包括以下几方面。

(1)氧。空气中的氧气在橡胶中同橡胶发生游离基链锁反应,使橡胶的分子链发生断裂或过度交联,引起橡胶制品的性能发生改变。

(2)臭氧。臭氧的化学活性比氧高得多,对橡胶的破坏性更大。由于臭氧能跟橡胶的不饱和键起作用,使橡胶的分子链发生断裂,但是臭氧对橡胶的影响程度随橡胶变形与否而不同。当作用于变形的橡胶(不饱和橡胶)时,会出现向着应力方向的裂纹,即所谓的“应力龟裂”;当作用于非变形的橡胶时,仅表面生成氧化膜而不发生龟裂。

(3)高、低温。高温是橡胶密封件老化、龟裂和永久变形的一个重要原因。资料表明,温度每升高 10℃,橡胶的老化速率就会增加 2.6 倍。提高温度会引起橡胶制品的热裂解或热交联,但高温的基本作用还是活化作用,提高氧扩散速度和活化氧化反应,从而加快橡胶氧化反应速度,这是普遍存在的一种老化现象——热氧老化。

因此,使用和贮存,要避免高温环境。高温除了会导致橡胶变形外,还会导致橡胶融化。

在高温流体中,橡胶密封圈有继续硫化的危险,最终使其失去弹性而泄漏。密封圈长期处于高温之中,会变成与沟槽一样的形状,当温度保持不变时,还可起到密封作用,但当温度降低后,密封圈很快收缩,形成泄漏通道而产生泄漏。因此,应注意各种橡胶的使用温度,并避免长时间在极限温度下使用。

低温也是造成橡胶密封圈失效的一个主要因素,在较低温度下,分子热运动减弱,分子链段及分子链被冻结,会逐渐失去弹性。随着温度的降低,橡胶密封圈的模量、拉伸强度和压缩永久变形增加,拉伸伸长率和回弹性降低,从而导致密封失效。

同时,温度交变也是一个不容忽视的因素,在温度交变情况下使用的密封圈,其密度下降,使用寿命减少。温度的改变会加速密封圈的老化,密封系统元件的温差使密封可靠性降低,间隙增大,导致接触压力重新分布,从而引起密封失效。

(4)光照。光照是加速橡胶密封件老化的关键因素。光波越短、能量越大,对橡胶起破坏作用的是能量较高的紫外线。紫外线除了能直接引起橡胶分子链的断裂和交联外,橡胶还会因吸收光能而产生游离基,引发并加速氧化链反应过程。光照是促进橡胶发生变色的主要因素,长期的阳光照射很容易使橡胶变形软化。光照同样对密封件起着加热的作用,但是与热作用不同,光照会使含胶率高的橡胶密封件出现网状裂纹,即所谓的“光外裂纹”。因此在使用和贮存中一定要避免阳光长时间的直射,阳光太强对橡胶来说是致命的。

(5)水分。水分是加速橡胶密封件老化的关键因素之一。橡胶制品在潮湿空气、淋雨或浸泡在水中时,容易被破坏,这是由于橡胶中的水溶性物质和清水茎团等成分被水抽提溶解,特别是在水浸泡和大气曝光交替作用下,会加速橡胶密封件的破坏。但也存在一些情况下,水分对橡胶不起破坏作用,反而会延缓老化。

环境湿度对橡胶密封件有重要影响,空气中的湿度过高,橡胶会在固体表明附着一层肉眼看不见的水膜,水膜与空气中的酸性气体(如 CO_2、SO_2 等)作用而具有稀酸性质,水膜中的水分子通过橡胶的毛细孔和分子间隙渗透、扩散到其内部,使其绝缘性能降低、体积膨胀变形,加速老化变质。湿度过低则会使橡胶材料放出水分,造成过分干燥甚至干裂。

当环境由干燥骤然变湿时,由于橡胶材料质地紧密,吸湿性很小且吸湿速度慢,湿气在表面凝聚形成水珠,使橡胶的氧化反应加快,加快橡胶的老化。因此应严格控制橡胶密封件使用与贮存环境的湿度。

(6)机械应力。由于高分子聚合物的黏滞性,使密封圈在变形周期内,其松弛过程来不及完成,就进入下一个变形周期,使橡胶密封圈内部变形不断增加。当应力较大时,便会出现橡胶分子链断裂而生成自由基,引起橡胶密封件的氧化链反应。橡胶密封圈在反复变形时,其机械应力会使橡胶密封件分子链中的原子价力减弱,因此降低了它的氧化反应活化能,加速了橡胶密封圈分子的氧化裂解反应。氧化活化能的降低,就是在疲劳过程中,机械能转化为化学能过程的结束。橡胶密封件在反复变形时,产生滞后现象,引起内耗,从而使橡胶材质内部生热,于是加速了橡胶密封件的氧化链反应。

除了上述一些因素会加速橡胶密封圈的老化外,还有电化学腐蚀、辐射以及生物作用等,此处不再一一讨论。

3. 固体火箭发动机 O 形圈贮存老化特点

固体火箭发动机 O 形圈的使用和贮存条件与一般的工业压力容器不同,它有其自身的特点,因而影响密封圈老化的因素也有其特点。

(1)固体火箭发动机是长期贮存、一次使用的产品,因此,其老化主要是在贮存条件下的老化。在贮存过程中,O 形圈是安装在固体火箭发动机密封部位的,其最大的特点就是处于压缩状态,因此机械应力对老化的影响比较显著。而且,如前所述,安装在密封部位的 O 形圈会受到结构件的保护,光照比较弱,光照对老化的影响可以忽略。

(2)固体火箭发动机的贮存(一般随火箭整体贮存)基本都在库房内,环境条件比较好,温度、湿度变化范围小,O 形圈的老化基本属于常温、常湿情况下的老化。

(3)固体火箭发动机 O 形密封结构贮存和点火工作条件差异很大,平时贮存为常温、常压状态,而点火工作时为高温、高压状态,但时间不长,大多在 1 min 左右。点火工作过程有一个短时的启动过程,时间大约不到 1 s,压力和温度急剧上升,且一般都有一个压力峰,此后进入稳态的高温、高压状态。橡胶密封圈在长期贮存过程中发生的老化造成其物理机械性能的逐渐下降,其后果最终在点火工作过程表现出来。如果 O 形密封结构在最初的启动过程中不出现泄漏,那么在稳态工作阶段一般也都会工作正常。

研究 O 形圈老化对固体火箭发动机密封性能的影响,就是要分析 O 形圈在压缩应力状态下的自然贮存老化对发动机密封性能影响,并预估其在点火工作情况下是否能可靠工作。

4. 固体火箭发动机 O 形圈老化研究情况

针对固体火箭发动机用 O 形圈的老化问题,国内一些科研机构和学者做了比较深入的研究,开展了加速老化试验和自然老化试验,研究橡胶密封圈的老化机制和规律,并进行贮存寿命预测与评估等分析。

加速老化研究方面,主要利用密封橡胶材料的标准试件进行热空气加速老化试验和湿热加速老化试验,在不同试验条件(温度、湿度和老化时间)下,进行物理性能(如拉伸强度、断裂伸长率和压缩永久变形等)测试,并在试验前后利用电子扫描显微镜、红外光谱、动态热机械分析和质谱分析等方法,研究老化引起材料内部的分子结构变化,探讨密封件在试验条件下的老化机理和性能劣化规律,建立不同老化条件下材料性能随老化时间的变化规律,探讨材料在不同温度下物理性能随老化时间、老化温度的变化规律,建立材料在贮存温度下的压缩永久变形与贮存时间的老化动力学方程,预测其在贮存温度下的贮存寿命。

自然贮存老化研究方面,一方面利用经过一定贮存时间的橡胶密封件贮件和从固体火箭发动机上分解下来的密封件制作试件,进行物理性能测定和理化分析,以探讨在自然贮存条件下密封圈的物理性能的变化规律，并预测密封圈的剩余寿命。另一方面设计模拟发动机，利用经一定时间自然贮存的密封圈进行点火试验，或者直接利用经自然贮存的真实发动机进行热试车，分析试车数据，并在试车后对密封部位进行烧蚀情况分析，以评估经自然贮存后密封圈及密封结构的可靠性。

国内外学者通过一系列的试验研究和理论分析，已基本掌握了一些常用密封橡胶材料的老化机理和老化性能，获得了一些型号固体火箭发动机用O形圈的贮存寿命。但很少有学者将固体火箭发动机的密封结构作为整体，从泄漏的角度定量研究其在贮存条件下的密封性能变化规律，进而对发动机的整体密封性能进行评估，本书则试图在这一方面进行一些探索。

3.2 固体火箭发动机密封性能的检测方法

3.2.1 泄漏及泄漏检测

泄漏一般是指在有密封要求的设备(或系统)中，介质通过密封结构的漏孔从设备的一个部位运动到另一部位，发生不希望的运动的现象。实现密封结构零泄漏是密封的最高目标。随着加工制造工艺的不断提升以及新密封形式的发展，设备的密封性能越来越好，但实现零泄漏还是比较困难的。通常密封性能要求越高，其实现难度越大，制造成本也越高，但并不是所有的设备都需要有很高的密封性能。因此，对于有密封要求的设备来说，在很多情况下都是允许其存在泄漏的，只要泄漏率在可接受范围之内即可正常使用。

为了确认设备能否正常使用，需要对设备进行泄漏检测，以确定设备是否存在泄漏，或其漏率是否在允许范围内。设备的泄漏检测简称检漏，是为了确认设备的密封性能是否满足使用要求，也称为设备的密封性检测。

当前，系统检漏方法有很多，对于同一设备进行的检漏也可能有多种可供选择的方法，检漏方法大致可分为以下几种。

1. 直接观察法

直接观察法是采用眼观、耳听、手摸等方法，先给被检系统充入示漏气体(或液体)，当泄漏比较明显时，可以用肉眼观察到泄漏部位流出的气体(或液体)，或者可以听到泄漏部位发出尖啸的声音，或者用手触摸，可以感觉到泄漏的气流，从而确定泄漏部位。这种方法适用于泄漏量比较大，泄漏特征比较明显，或者示漏气体(或液体)颜色比较浓的情况。

2. 示漏气体检测法

示漏气体检测法又可以分为加压检漏法和真空检漏法。

(1)加压检漏法是在被检件内侧充入示漏气体(如空气、氮气等)，使其产生内侧对外侧的压差，在压差作用下，示漏气体通过漏孔从内侧运动到外侧，通过观察或检测流出的示漏气体以确定漏孔位置和漏率的方法。气泡法、卤素检漏仪外探头法、卤素喷灯法和氦质谱吸枪法都属于加压检漏法。

气泡法是通过在被检件检测部位涂抹肥皂液或者将被检件放入液槽，观察气泡出现的位置并对气泡内气体的量进行测量的方法。涂抹肥皂液的方法又称为皂泡法。卤素检漏仪外探头法、卤素喷灯法、氦质谱吸枪法是利用相应的检测仪器如吸枪、探头等，对空气中的示漏气体进行检测，从而实现漏孔定位及漏率测量的方法。

(2)真空检漏法是将被检件密封后，用抽真空设备抽除被检件内空气使其产生一定负压，将示漏气体通过喷枪喷射等方式，作用于被检件外侧的检测部位，在压差的作用下示漏气体将通过漏孔进入被检件内侧，利用相应的检测仪器对示漏气体进行检测，从而实现漏孔定位及漏率测量的方法。卤素检漏仪内探头检漏法、各类真空计检漏法、氦质谱喷吹检漏法、氦质谱氦罩检漏法等均属于真空检漏法。

3. 被检件内气体参数变化测量法

被检件内气体参数变化测量法又分为静态压降法和静态压升法，其原理是：对被检件充气加压或抽真空，经过一段时间后，测量被检件内部的检测前、后的压力数值，得到相应的压力变化量，结合被检件的容积以及检测时间，得到被检件的总漏率。

4. 漏孔检测法

漏孔检测法是通过测量泄漏部位引起的热、声、光、电、磁等物理量的变化情况进行漏孔定位和漏率测量的方法。声波检漏法、红外气体检漏法和高频火花检漏法均属于漏孔检测法。

(1)声波检漏法基于泄漏湍流产生漩涡会伴有声波的现象，又分为声波定向探头检测法和声波接触探头法。声波定向探头检测法利用声波具有较强的方向性的特点，通过调整探头方向找到输出的最大值，通过探头所指的方向即可确定漏孔位置。声波接触探头法利用气体在较大压差作用下通过漏孔时会产生固体声波的特点，将探头置于被检件的壳体上即可测得漏孔位置。

(2)红外气体泄漏检测法利用流体通过漏点时，会在漏点附近产生温度梯度的现象，通过对被检件的温度场进行红外识别并找到该点，即可实现对漏点的定位。

(3)高频火花检漏法可分为火花法和放电法。火花法的原理是：高频火花检漏器会放出细小的火花，用火花对检测部位进行扫描探查，遇到漏孔火花会穿过漏孔，在漏孔处形成光点，通过观察检测部位光点位置，实现漏孔的定位。放电法的原理是：高频火花检漏器放出火花作用于压力范围中的真空系统中的玻璃时，系统中的空气会产生紫红色或玫瑰色辉光，这时对被检部位进行涂抹或喷射酒精等易挥发的碳氢化合物，若存在漏孔，酒精蒸气将进入真空系统，使漏孔出口附近空气辉光颜色发生变化，通过观察辉光颜色是否发生变化，即可检测出漏孔的位置。

5. 利用示踪物检测法

利用示踪物检测法包括着色渗透检漏技术、荧光渗透检漏技术、变色渗透检漏技术、煤油渗透检漏技术和氨检法等。其原理为：将渗透剂涂抹于检测部位，若存在细小的漏孔，在毛细作用下渗透剂将通过漏孔进入系统内部，通过在内侧对渗透剂进行检测，即可实现对漏孔的定位。同时也可以利用与渗透剂接触会发生伴有颜色变化的化学反应的显色剂进行示踪检查，现象更为直观，渗透剂的选择也更加丰富。

3.2.2　固体火箭发动机泄漏检测的几种方法

系统检漏方法很多(参阅3.1.2节)，但都各有特点和适用范围，很多方法并不适用于固体火箭发动机的密封性能检测。比如直接观察法虽然简单直接，但只适用于泄漏量大，泄漏特征明显的情况。固体火箭发动机通常泄漏量很小，泄漏特征不明显，一般不能采用直接观察法进行系统检漏。浸泡法需要将工件浸入液槽，对于固体火箭发动机这样结构复杂、体积大的工件，显然很不方便，而且事后不易对发动机进行清理和干燥，液体也会对药柱的理化性能和力学性能造成影响，因而对固体火箭发动机并不适用。差压式检漏法、卤素检漏法、渗透化学示踪物检漏法、超声波检漏法、红外气体泄漏检测法等需要特殊设备，操作复杂，限制条件多，因此也不适合用于固体火箭发动机密封性检测。固体火箭发动机密封性检测常用压降法和皂泡法，有时也用氦质谱法。由于固体火箭发动机工作时的密封介质为气体，泄漏检测主要是确定其对气体的密封性能，因而也称为气密性检查。

1. 压降法

图 3－1 所示为压降法检漏系统示意图，属于示漏气体正压检测法。首先给固体火箭发动机系统内腔充入示漏气体（一般为氮气或压缩空气），使发动机内部和外部形成适当的压强差，同时记录充气压强值，保持一段时间（这个过程称为保压，保压时间则需要根据发动机的结构和检测要求确定）后，再次记录系统内气体压强值，计算保压前、后两次所测压强之差，根据压强差是否超过一定阈值（根据发动机结构和密封性能要求确定），即可确定固体火箭发动机系统的气密性是否合格，也可通过计算获得漏率大小。

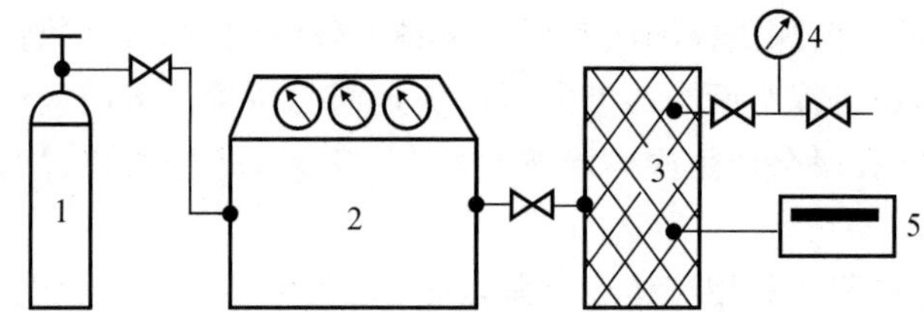

图 3－1　压降法检漏系统示意图

1—气源；2—配气设备；3—固体火箭发动机系统；4—压力表；5—温度传感器

压降法技术简单，所需设备少，只需要有气源和配气测压设备即可进行，操作人员不需要特殊培训，便于实施，在固体火箭发动机气密性检查中应用非常广泛。但压降法的缺点是其检测结果是对系统整体密封性能的定量评估，不能对泄漏部位进行定位，发现固体火箭发动机发生泄漏时，还需要采用其他检测方法进一步确定泄漏部位。

压降法在实施的过程中应注意以下事项。

(1)为防止气流对固体火箭发动机药柱造成损伤，给发动机充气时压强不宜过高，充气和放气的速率不宜过大，操作中应注意控制充、放气速率。

(2)为提高检测精度，防止充气过程中的压力脉动和温度变化引起所测压强不准，在发动机充气后应等待一段时间，待压强稳定（这个过程称为稳压）后再测量发动机内腔压强，其结果作为气密性检查的起始压强。

(3)为提高检测精度，防止环境温度变化引起的压强变化被误计入压差，在测量发动机压强的同时还应测量气体温度，计算压差时应剔除环境温度对压差的影响。

(4)为防止示漏气体内的湿气和其他杂质对发动机药柱造成影响，对示漏气体（气源）的纯度、漏点、杂质等都要提出严格要求。

(5)为防止示漏气体温度过低影响发动机药柱性能，一般要求气源温度高于 10℃，否则应对气源进行加温。

2. 皂泡法

皂泡法也属于示漏气体正压检测法，先给固体火箭发动机充入示漏气体(压缩空气、氮气等)，同时在需要检测的密封部位涂抹肥皂液，当有泄漏时，示漏气体通过漏孔漏出，在相应部位产生肥皂泡，从而确定泄漏部位。判定被检部位是否泄漏(或泄漏程度)的标准通常是，涂抹肥皂液后观察一段时间，看被检部位在检测时间内是否有肥皂泡产生(或产生气泡的数量)，从而判定结构是否泄漏(或判定泄漏等级)。当然也可以通过气泡形成的速率和气泡大小计算得到漏率大小。

皂泡法是一种比较传统的检测方法，由于这种方法检测精度高，简单易行，方便快捷，操作人员不需特殊培训，且肥皂沫易于清理，一般不会渗入系统内部，因此在固体火箭发动机检漏中常被采用。皂泡法还有一个突出的优点就是方便对泄漏部位进行定位，因此，该方法既可以单独使用，也可以作为压降法的辅助手段。但该方法实施的前提是被检部位全部外露。

当固体火箭发动机与箭体其他部分结合以后，发动机的部分连接密封结构被遮挡，不便于涂抹肥皂液，一般不能单独使用皂泡法。因此，在火箭(或导弹)处于整装状态进行密封性能检测时，通常以压降法作为主要的气密性检测方法，并以皂泡法作为辅助手段，在压降法检测的同时快速确定地面管路和发动机外露连接密封部位是否泄漏，或在压降法检测结果确定存在泄漏时，进一步采用皂泡法确定泄漏部位。

3. 氦质谱法

氦质谱法的原理是将氦气充入被检件内部或者从外部对被检部位进行喷射，当被检部位存在漏孔时，氦气通过漏孔运动到被检件的另一侧，通过吸枪或探头等部件，将含有氦气的混合气体引入质谱检测仪进行电离，利用电场和磁场把经过电离的离子按质荷比分离，检测仪收集电离后的氦气离子，经过信号变换，显示出与氦气离子的量成比例的数值，从而实现泄漏检测。氦质谱法根据工艺不同又分为喷吹法、氦罩法、真空室法、吸枪法和检漏盒法等。

(1)图 3-2 所示为喷吹法氦质谱检漏系统示意图，喷吹法是先用辅助泵对被检件抽真空，然后将被检件与质谱仪连接，用氦气喷枪在被检件需要检漏的部位喷吹氦气，如果被检件有泄漏，氦气会穿过漏孔进入被检件内部，并迅速被氦质谱仪捕捉到，并在质谱仪上显示出与漏孔的漏率成正比的数值，而喷吹的位置就是漏孔的位置。喷吹法可以实现漏孔的精确定位，但只能实现一个大气压差的漏率检测，不能准确反映带压被检件的真实泄漏状态。

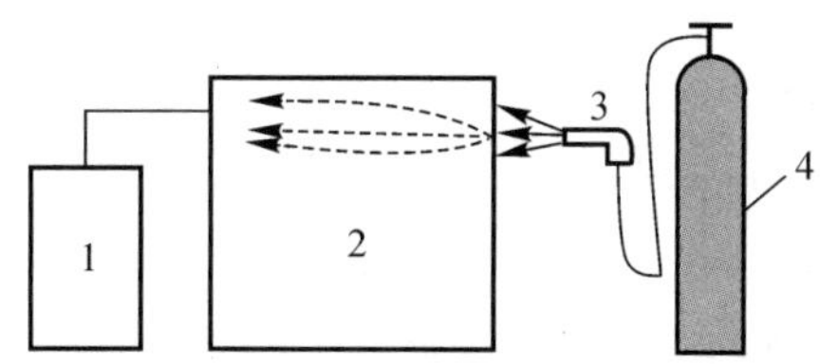

图 3-2　喷吹法氦质谱检漏系统示意图

1—氦质谱仪；2—被检件；3—喷枪；4—氦气源

(2)图 3-3 所示为氦罩法氦质谱检漏系统示意图，氦罩法同样对被检件抽真空，并与氦质谱仪连接，不同之处是将被检件置于氦罩内，用氦罩代替喷枪对被检件吹氦气，使被检件整个都被笼罩在氦气中，通过质谱仪检测泄漏到被检件内部的氦气，从而得出被检件的总漏率。氦罩法能实现被检件的总漏率测量，可实现大容器和复杂结构产品的检漏，但不能定位漏孔，而且需要制作氦罩，同时也存在与喷吹法相同的缺点。

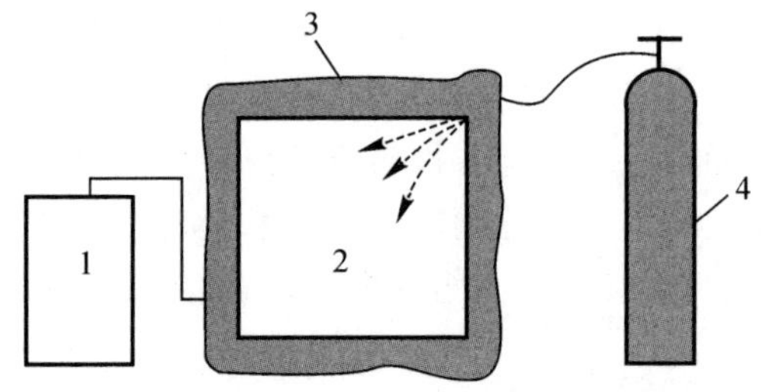

图 3-3　氦罩法氦质谱检漏系统示意图

1—氦质谱仪；2—被检件；3—护罩；4—氦气源

(3)图 3-4 所示为真空法氦质谱检漏系统示意图，是将被检件放入真空室内，真空室与质谱仪相连，将真空室抽真空，并在被检件内充入氦气，当被检件存在泄漏时，氦气从漏孔流入真空室，质谱仪检测真空室收集到的氦气，得出被检件的总漏率。真空室法检测灵敏度高，能实现任何工作压力的漏率检测，反映被检件的真实泄漏状态，但同样不能定位漏孔，且需要制作真空室，检漏系统比较复杂。

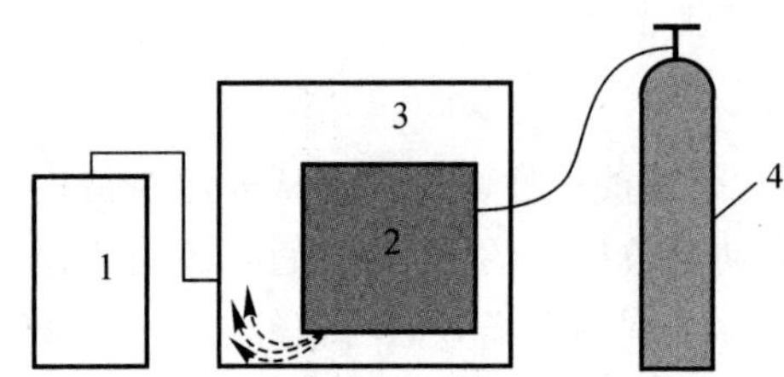

图 3-4　真空法氦质谱检漏系统示意图

1—氦质谱仪；2—被检件；3—真空室；4—氦气源

(4)图 3-5 所示为吸枪法氦质谱检漏系统示意图，吸枪法是在被检件内部充入氦气，利用与质谱仪连接的吸枪在被检件外部需要检漏的部位进行抽吸，如果被检件存在漏孔，质谱仪通过吸枪即可捕捉到泄漏的氦气，从而实现泄漏定位和漏率测量。

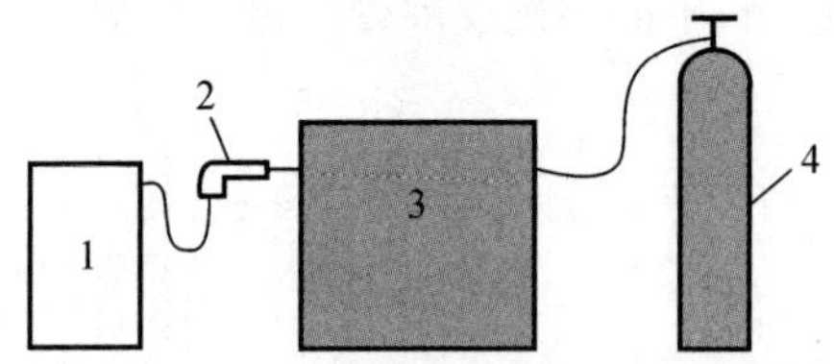

图 3-5　吸枪法氦质谱检漏系统示意图

1—氦质谱仪；2—吸枪；3—被检件；4—氦气源

对于那些未形成密闭空间的被检件，不能充气，也不能抽真空，以上工艺方法都不适用。为了使用氦质谱法检漏，根据被检件的外形，制作一些抽真空罩盒，形成一个密封区域，罩盒通过管子连接在质谱仪上。将罩盒扣在被检件需要检漏的部位，进行局部罩盒抽真空检漏，在被检件扣罩盒部位的反面吹氦气，氦气通过漏孔进入罩盒，再进入质谱仪，即可检出漏孔位置并测定漏率。图 3-6 为检漏盒法氦质谱检漏系统示意图。

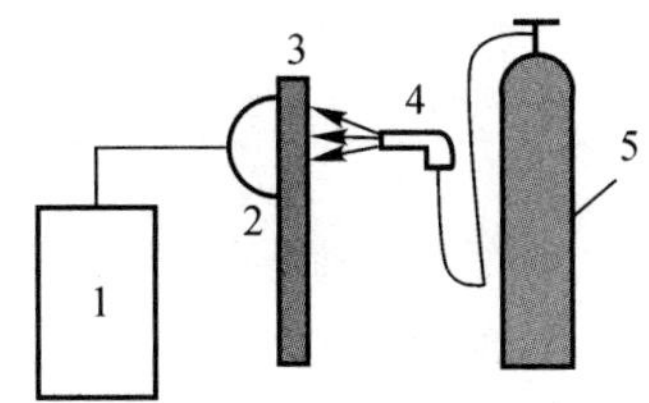

图 3-6　检漏盒法氦质谱检漏系统示意

1—氦质谱仪；2—罩盒；3—被检件；4—喷枪；5—氦气源

由于固体火箭发动机本身就是一个较大的密闭容器，氦质谱检漏时不必采用检漏盒法。固体火箭发动机通常体积较大，氦罩法和真空室法都需要制作足够大的氦罩或真空室以容纳固体火箭发动机，使用成本高，操作不便，因此一般不采用。喷吹法首先要对被检件抽真空，设备和工艺较复杂，固体火箭发动机检漏也较少采用。由于吸枪法只需给被检件充氦气，系统比较简单，操作较为简便，且可定位漏孔，因而固体火箭发动机氦质谱检漏时常采用吸枪法。

由于氦质谱检漏法工艺较为复杂，技术难度较大，从业人员应经专门培训并取得从业资格。

3.2.3　固体火箭发动机泄漏检测方法的选用

3.2.2 节所述 3 种固体火箭发动机气密性检查方法中，皂泡法主要用于快速确定固体火箭发动机的泄漏部位，很少用于漏率的定量测量，但也可以通过数气泡的方法计算得到漏率。压降法主要用于测定固体火箭发动机的总漏率。氦质谱检漏法既可以确定泄漏部位，又可以进行漏率测量。下面对这 3 种方法的漏率测量范围进行分析。

1. 皂泡法

皂泡法是在被检件内充入检测气体，在需要检漏的部位涂抹肥皂液，当有泄漏时会在相应部位产生肥皂泡。设在检测时间 Δt 内检测部位产生 n 个肥皂泡，则其漏率可由下式计算，即

$$Q=\frac{npV}{\Delta t} \tag{3-1}$$

式中：Q ——检测部位的漏率；

n ——检测时间内的气泡数量；

p ——肥皂泡内气体压强；

V ——肥皂泡的体积；

Δt——检测时间。

设肥皂泡为球形，半径为 R，则其体积为

$$V=\frac{4}{3}\pi R^3 \tag{3-2}$$

肥皂泡内气体压强为环境压强 p_0 与肥皂泡内外压强差之和，即

$$p=p_0+\Delta p \tag{3-3}$$

根据杨氏-拉普拉斯公式，已知半径的肥皂泡的内外压强差为

$$\Delta p=\frac{4\alpha}{R} \tag{3-4}$$

式中：α——肥皂泡的表面张力系数。

由此可得漏率计算式为

$$Q=\frac{4n\pi R^2(p_0R+4\alpha)}{3\Delta t} \tag{3-5}$$

在皂泡法检漏时，需要观察被检部位产生的皂泡，如果皂泡过小，不容易被注意到，此处设人能观察到的皂泡直径 $D=5$ mm。皂泡产生速率太慢，也易被忽略，此处设人能观察到的气泡产生速率不小于 3 min 1 个气泡。肥皂液的表面张力系数与肥皂的种类、肥皂液的浓度、温度以及检测气体的成分等有关。此处设肥皂泡的表面张力系数为 $\alpha=38.93\times10^{-3}$ Pa/m，当地环境大气压强 $p_0=100$ kPa。代入式(3-5)计算得到漏率值为 $Q=3.636\times10^{-5}$ Pa·m^3/s。由此可见，皂泡法可检漏率大约在 1.0×10^{-5} Pa·m^3/s 以上。

2. 压降法

压降法气密性检查是先给固体火箭发动机内腔充入检测气体，稳压一段时间后测量发动机内腔压强作为初始压强，再保压一段时间，再次测量发动机内腔压强，根据两次测得的发动机内腔压强差值是否在合格范围之内来判断发动机气密性是否合格。因此，压降法气密性检查的判据指标为单位时间内的压降值，下面将其换算为泄漏率指标。为此，首先建立压降法检漏系统计算的数学模型。

压降法是一种典型的直压检漏方法。直压检漏过程一般可分为充气、稳压、保压检测和放气 4 个阶段，系统简图如图 3-7 所示。

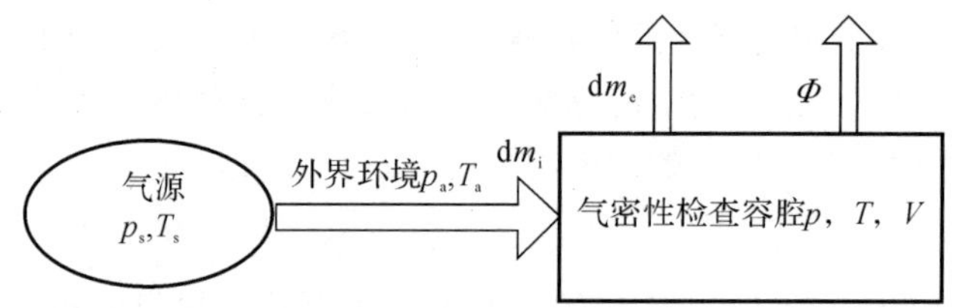

图 3-7　直压检漏系统简图

图中被测容腔为体积不变的容腔(即固体发动机药柱内腔)，取被测容腔内气体为研究对象。假设：

(1)所研究气体为理想气体。

(2)被测容腔内气体的压力、温度和密度均匀分布。

(3)气源至容腔入口段为等熵流动。

检漏过程中，在稳压和检测阶段容腔内气体所经历的过程相同，可同视为检测过程。此外，放气阶段对检测结果没有影响，可不作研究。在充气过程中，容腔内同时存在气体的流入、流出和与外界的热交换；在检测过程中，容腔内只有气体的流出和与外界的热交换。根据理想气体状态方程和热力学第一定律，可得容腔在充气和检测过程的数学模型，即

$$V\frac{\mathrm{d}p}{\mathrm{d}t}=RT(G_i-G_e)+Rm\frac{\mathrm{d}T}{\mathrm{d}t} \tag{3-6}$$

$$\frac{\mathrm{d}(c_VmT)}{\mathrm{d}t}=c_VT_sG_i+RT_sG_i-c_VTG_e-RTG_e+\Phi \tag{3-7}$$

由式(3-6)、式(3-7)可得

(1)充气过程中容腔内气体压力和温度的数学模型为

$$\frac{\mathrm{d}p}{\mathrm{d}t}=\frac{RT_s}{c_V V}(c_V+R)G_i-\frac{RT}{c_V V}(c_V+R)G_e+\frac{R\Phi}{c_V V} \tag{3-8}$$

$$\frac{\mathrm{d}T}{\mathrm{d}t}=\frac{RTG_i}{pV}(T_s-T)+\frac{R^2T_sT}{c_V pV}G_i-\frac{R^2T^2}{c_V pV}G_e+\frac{RT}{c_V pV}\Phi \tag{3-9}$$

(2)保压检测过程中容腔内气体压力和温度的数学模型为

$$\frac{\mathrm{d}p}{\mathrm{d}t}=-\frac{RT}{c_V V}(c_V+R)G_e+\frac{R\Phi}{c_V V} \tag{3-10}$$

$$\frac{\mathrm{d}T}{\mathrm{d}t}=-\frac{R^2T^2}{c_V pV}G_e+\frac{RT}{c_V pV}\Phi \tag{3-11}$$

当漏率在 $10^{-11}\sim10^{-6}$ kg/s 范围内时，漏孔中的气流为层流，其流量计算模型可表示为

$$G_e=\frac{C'(p^2-p_a^2)}{2\mu RT} \tag{3-12}$$

式中：$C'=\dfrac{\pi d^4}{128l}$。

在已知容腔内气体的压力数据及容腔的传热系数的条件下：

(1)充气过程中容腔的泄漏量和容腔内气体温度的计算公式可表示为

$$G_e=\frac{T_s}{T}G_i-\frac{Vc_V}{RT(c_V+R)}\frac{\mathrm{d}p}{\mathrm{d}t}+\frac{1}{T(c_V+R)}\Phi \tag{3-13}$$

$$\frac{\mathrm{d}T}{\mathrm{d}t}=\frac{RTG_i}{pV}(T_s-T)+\frac{RT}{p(c_V+R)}\frac{\mathrm{d}p}{\mathrm{d}t}+\frac{RT}{pV(c_V+R)}\Phi \tag{3-14}$$

(2)保压检测过程中容腔的泄漏量和容腔内气体温度的计算公式可表示为

$$G_e=-\frac{Vc_V}{RT(c_V+R)}\frac{\mathrm{d}p}{\mathrm{d}t}+\frac{1}{T(c_V+R)}\Phi \tag{3-15}$$

$$\frac{\mathrm{d}T}{\mathrm{d}t}=\frac{RT}{p(c_V+R)}\frac{\mathrm{d}p}{\mathrm{d}t}+\frac{RT}{pV(c_V+R)}\Phi \tag{3-16}$$

式中：容腔入口流量公式为

$$G_i=\begin{cases}C\rho_0 p_s\sqrt{\dfrac{T_0}{T_s}}\sqrt{1-\left[\dfrac{p/p_s-b}{1-b}\right]^2}, & \dfrac{p}{p_s}>b\\ C\rho_0 p_s\sqrt{\dfrac{T_0}{T_s}}, & \dfrac{p}{p_s}\leqslant b\end{cases} \tag{3-17}$$

容腔传热率计算公式为

$$\Phi=kA(T_a-T) \tag{3-18}$$

以上公式中：

p_s ——气源压力，Pa；

T_s ——气源温度，K；

p_a ——环境压力，Pa；

T_a ——环境温度，K；

p ——容腔内气体压力，Pa；

T ——容腔内气体温度，K；

V ——被测容腔容积，m^3；

m ——容腔内的气体质量，kg；

Φ ——容腔与外界的传热率，W；

k ——容腔的传热系数，$W/(m^2 \cdot K)$；

A ——容腔的传热面积，m^2；

R ——理想气体状态常数，$J/(kg \cdot K)$；

C_v ——气体的定容比热，$J/(kg \cdot K)$；

ρ_0 ——标准状态下气体的密度，kg/m^3；

T_0 ——标准状态下气体的温度，K；

C ——气源入口的声速流导，$m^3/(s \cdot Pa)$；

C' ——表观流导，$m^3/(s \cdot Pa)$；

G_i ——容腔入口的流量，kg/s；

G_e ——漏率，kg/s；

d ——漏孔直径，m；

μ ——漏孔内气体的动力黏度，$Pa \cdot s$；

l ——漏孔长度，m。

对于不同固体火箭发动机，压降法气密性检查参数不同，下面给出一个算例。某火箭采用的两级固体发动机分别为 S-motor1 和 S-motor2，压降法气密性检查的流程为：气源采用露点不大于－55℃的干燥氮气，入口气源压力不大于 0.8 MPa，充气压力 0.3 MPa（发动机 S-motor1 充气 15 min，发动机 S-motor2 充气 7 min），稳压 30 min，再保压（发动机 S-motor1 保压 30 min，发动机 S-motor2 保压 10 min）。气密性合格的压降指标为：发动机 S-motor1 压降不大于 0.005 MPa，发动机 S-motor2 压降不大于 0.02 MPa（注：以上压力值皆为表压）。

气密性检查中可能发生压降变化的阶段是检测阶段，因此，可利用式(3-15)与式(3-16)对最大漏率及温度变化进行计算，即

$$G_e = -\frac{Vc_V}{RT(c_V+R)}\frac{\mathrm{d}p}{\mathrm{d}t} + \frac{1}{T(c_V+R)}\Phi \tag{3-19}$$

$$\frac{\mathrm{d}T}{\mathrm{d}t} = \frac{RT}{p(c_V+R)}\frac{\mathrm{d}p}{\mathrm{d}t} + \frac{RT}{pV(c_V+R)}\Phi \tag{3-20}$$

以上两式中，已知量有：

c_V——氮气的定容比热，741 $J/(kg \cdot K)$；

R——氮气的气体常数，296.8 $J/(kg \cdot K)$；

T——容腔内气体温度，取室温 293 K；

p——容腔内气体压力，取合格压力值的下限，S-motor1 为 0.295×10^6 Pa，S-motor2 为 0.28×10^6 Pa。

未知量有：

V——被测发动机容腔容积；

$\frac{\mathrm{d}p}{\mathrm{d}t}$——压降变化率；

Φ——容腔传热率；

$\frac{dT}{dt}$——容腔内气体温度变化率；

G_e——漏率。

(1)被测发动机空腔容积 V。假设发动机内腔容积分别为发动机 S-motor1 空腔容积 $V_{1j}=1.055\ m^3$，发动机 S-motor2 空腔容积 $V_{2j}=0.38\ m^3$。

(2)压降变化率 dp/dt。发动机 S-motor1 在稳压 30 min 与保压 30 min 时间段内，允许最大压降值为 0.005 MPa，因此其压降变化率为

$$\frac{dp}{dt}=\frac{0.005\times10^6}{3\ 600}\approx1.39\ (Pa/s)$$

发动机 S-motor2 在稳压 30 min 与保压 10 min 的时间段内，允许最大压降值为 0.02 MPa，因此其压降变化率为

$$\frac{dp}{dt}=\frac{0.02\times10^6}{2400}\approx8.33\ (Pa/s)$$

(3)容腔传热率 Φ。根据式(3-18)，容腔传热率与发动机内腔气体和环境之间的温差成正比。实际上，发动机气密性检查前气源的温度与环境的温度是平衡的，同时研究表明，两者温差变化所引起的发动机内腔压力的变化是可以忽略不计的。因此，发动机容腔传热率 Φ 可近似认为是零。那么，式(3-19)与式(3-20)可写成：

$$G_e=-\frac{Vc_V}{RT(c_V+R)}\frac{dp}{dt} \tag{3-21}$$

$$\frac{dT}{dt}=\frac{RT}{p(c_V+R)}\frac{dp}{dt} \tag{3-22}$$

将数据代入式(3-21)与式(3-22)，求得

发动机 S-motor1 允许最大漏率：$G_{e,1j}=-0.12\times10^{-4}$ (kg/s)

$$\frac{dT}{dt}=0.73\times10^{-3}\ (K/s)$$

发动机 S-motor2 允许最大漏率：$G_{e,2j}=-0.26\times10^{-4}$ (kg/s)

$$\frac{dT}{dt}=0.44\times10^{-2}\ (K/s)$$

根据理想气体状态方程，则泄漏率可转换为

发动机 S-motor1 允许最大漏率：$G_{e,1j}\approx-1.04(Pa\cdot m^3/s)$

发动机 S-motor2 允许最大漏率：$G_{e,2j}\approx-2.26(Pa\cdot m^3/s)$

因此，算例中两级固体火箭发动机气密性检查漏率合格判定指标为发动机 S-motor1 漏率小于 1.04 $Pa\cdot m^3/s$，发动机 S-motor2 漏率小于 2.26 $Pa\cdot m^3/s$。

由此可见，压降法气密性检查可检漏率在 1 $Pa\cdot m^3/s$ 左右。

3. *氦质谱法*

氦质谱法的可检漏率主要取决于氦质谱仪的最低可检漏率，一般来说，氦质谱仪的最低可检漏率都在 $1.0\times10^{-7}\sim1.0\times10^{-8}\ Pa\cdot m^3/s$ 或更低，目前有些氦质谱仪的最低可检漏率已达到 $1.0\times10^{-12}\ Pa\cdot m^3/s$。

由上述分析可知，在皂泡法、压降法和氦质谱法 3 种气密性检查方法中，压降法的可检漏率最大，检测灵敏度最低，气泡法次之，氦质谱法可检漏率最小，检测灵敏度最高。压降法测得

的是发动机的总漏率，不能定位漏孔，而皂泡法和氦质谱法测得的是局部泄漏点的漏率，方便定位漏孔。但是，氦质谱法系统复杂，对操作人员要求高，由于氦质谱法检测灵敏度高，因此对检测环境要求也高，要求检测环境有良好的通风，而且要去除环境中的氦本底，否则不能有效分辨泄漏和本底。

固体火箭发动机在总装完成后，要对其进行整机密封性能检测，贮存过程中还要定期进行检测，点火发射之前也要进行检测，以确保发射活动万无一失。通常情况下，固体火箭发动机的密封性能要求并不是很高，采用压降法就足以满足气密性检测要求，且压降法不论在发动机处于独立状态还是结合状态均可采用。只有在密封性能要求特别高，或者出于特殊研究目的需要精确探测发动机各个密封部位的密封情况时，才考虑采用氦质谱检漏法。在固体火箭发动机处于独立状态(未与火箭其他舱段对接)时，可采用氦质谱法和皂泡法，而处于结合状态(与火箭其他舱段对接)时，则一般不能采用氦质谱法和皂泡法。

第 4 章　长期贮存条件下 O 形圈密封结构泄漏率评估

由前面的分析可知，固体火箭发动机各组成部分之间采用 O 形圈密封结构进行密封，其密封性能可通过压降法、皂泡法和氦质谱法等气密性检查方法进行检测和确认。但如果固体火箭发动机经长期贮存橡胶圈发生老化，其密封性能如何变化，则需要通过仿真试验的方法予以评估，密封性能仿真评估是基于 Roth 泄漏率模型进行的。

4.1　长期贮存条件下 O 形圈密封结构泄漏率的计算模型

4.1.1　Roth 泄漏率模型

1. 泄漏三角形

Roth 在基于泄漏率的密封理论中认为，平面密封的表面并不是理想的平面，而是由许多微观的凸峰和凹谷组成的平面。Roth 进一步指出，虽然机械加工的凸峰和凹谷是随机的、不规则的，但是为了便于计算漏率，可通过典型的规则剖面来描述凸峰和凹谷。

Roth 通过实验研究，认为可通过“等腰三角波”来描述泄漏通道的剖面，如图 4－1 所示，其中峰值的平均斜率 α_m 一般为 1°～ 4°，泄道的长度等于密封面的宽度 b。相邻三角形底边之间的部分为接触面之间的实际接触部分。这一典型形式即为 Roth 三角形泄漏模型。

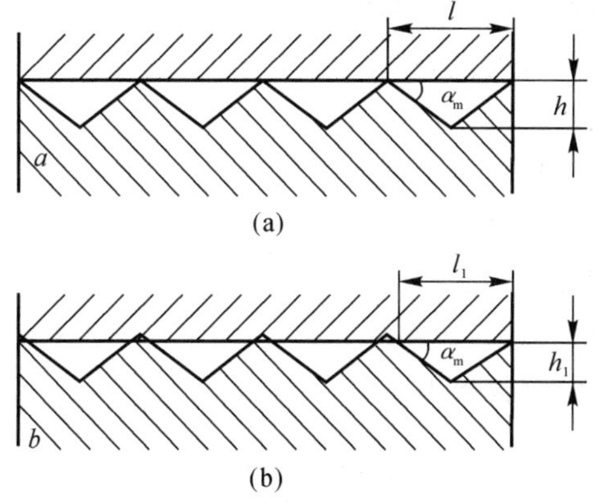

图 4－1　泄露通道模型

(a)刚接触上的泄漏通道；(b)轴向力作用下的泄漏通道

在 Roth 泄漏三角形通道中，令高为 h、底边长为 l，三角形的起始高度 h，即为金属材料机加后的表面粗糙度。橡胶材料在接触面平均压力 p 的作用下与泄漏通道相接触时，会侵入通道对沟槽进行填充，使三角形的高度从 h 逐渐减小为 h_1。h_1 的值取决于金属材料机加后的表面粗糙度 h、接触面挤压的平均应力及橡胶材料的种类，可由以下经验公式确定，即

$$h_1 = h\mathrm{e}^{-\frac{\sigma_m}{R_s}} \tag{4-1}$$

式中：h——三角形截面的起始高度，即金属材料机加后的表面粗糙度；

σ_m——密封面上的平均接触应力；

R_s——橡胶材料的密封性能系数，反映了软密封材料在一定压紧力作用下填充泄漏通道的能力，可通过实验或有限元法数值模拟得到。

2. O 形圈密封结构的泄漏率

对于 O 形圈密封结构，其泄漏的漏孔是由若干横截面积恒定且形状为等腰三角形的微型漏孔并联而成的。流体在狭窄间隙中的流动主要表现为黏性流和分子流。对于固体火箭发动机的密封结构而言，由于漏气通道的几何尺寸非常小，SRM 工作的介质压力大，并考虑泄漏单通道以及发动机工作安全性等因素，可以将 SRMO 形圈的密封机理归纳为漏孔的分子流泄漏模型，即气体通过 SRM 密封结构的泄漏为“分子流”状态，气体分子的平均速度为

$$v = \sqrt{\frac{8RT}{\pi M}} \tag{4-2}$$

式中：R——气体常数；

T——环境温度；

M——气体分子质量。

单个三角形截面通道的泄漏率可以表示为(等腰三角形峰值的斜率 α_m 取 4°)

$$Q_s = C \cdot \Delta p = \frac{2}{3}\sqrt{\frac{8RT}{\pi M}}\ \frac{K{h_1}^3}{b\tan\alpha\left(1 + \frac{1}{\cos\alpha}\right)}\Delta p \tag{4-3}$$

式中：Q_s——单个三角形截面通道的泄漏率；

C——气体从密封面流过的流导；

K——泄漏通道截面形状的修正系数；

h_1——被橡胶材料填充后三角形截面的高度；

b——密封面的接触面宽度；

α——等腰三角形截面的斜率；

Δp——密封结构内外的压差。

对于 O 形圈，泄漏通道的总数量为

$$n = \frac{\pi L\tan\alpha}{2h} \tag{4-4}$$

式中：n——橡胶圈泄漏通道的总数量；

L——橡胶圈密封面的长度，近似为橡胶圈的周长。

将式(4-1)和式(4-4)代入式(4-3)，O 形圈的漏率公式(形状修正因子 $K = 1.7$)为

$$Q = nQ_s = \frac{1}{3}\sqrt{\frac{8\pi RT}{M}}\ \frac{KLh^2}{b(1+\frac{1}{\cos\alpha})}\exp(\frac{-3\sigma_m}{R_s})\Delta p \approx$$

$$4\sqrt{\frac{T}{M}}\ \frac{Lh^2}{b}\exp(\frac{-3\sigma_m}{R_s})\Delta p \tag{4-5}$$

从式(4-5)可以看出，密封圈的泄漏率与下述诸多因素相关。

(1)温度。从微观角度分析，在不同温度下密封气体的动能存在差异，即温度影响气体介质的流动性；从宏观角度分析，固体火箭发动机在使用过程中并非均为恒温状态。温度变化会影响橡胶材料的力学性能，并使橡胶圈的截面形状发生改变，从而影响橡胶圈与法兰接触面上的接触应力。

(2)密封气体种类。相对分子质量 M 越小，密封结构的泄漏率越大，这是由于密封气体介质的相对分子质量越小，气体越容易穿过泄漏通道。

(3)橡胶材料种类和尺寸。对于不同材料的 O 形圈，其力学性能(如弹性模量、泊松比)各异，且在其他影响因素(如温度、介质压力)变化时的反应也各不相同。

(4)表面粗糙度。粗糙度是密封结构泄漏的根源所在，对密封结构的密封性能影响很大。随着粗糙度的增加，橡胶圈与法兰之间的平整度降低，导致密封结构的泄漏通道变大，气体更容易穿过泄漏通道。

(5)介质压力。密封结构中的介质压力是发生泄漏的“驱动力”，增大介质压力会使气体泄漏加快。

(6)气体介质渗透。从微观角度上看，橡胶材料和法兰壁面上有许多微小的孔洞，气体介质会通过这些毛细孔洞产生渗透。

3. O 形圈密封结构的接触应力与接触宽度

由式(4-3)可知，要计算 O 形圈密封结构的泄漏率，必须已知橡胶圈的接触应力和接触宽度。对于 O 形橡胶密封圈，密封界面上的接触压应力 σ 与密封圈材料及界面形状、压缩量 ε 及内压 p 等有关，一般有

$$\bar{\sigma} = 1.25(1+\frac{\mu^2 K_\varepsilon}{1-\varepsilon})E\varepsilon + \frac{\gamma}{1-\gamma}p \tag{4-6}$$

式中：μ——密封圈与法兰之间的摩擦系数；

γ——泊松比；

K_ε——O 形圈的接触宽度 b 与 O 形圈截面直径 d 之比。

根据几何关系，密封面的截面接触长度 $L=\pi(D+d)$，D 为橡胶圈内径。

当压缩量 ε 在 0.1～0.4 的范围内时，压缩后的 O 形圈与法兰的接触宽度 b 可由以下公式计算，即

$$b = (4\varepsilon^2 + 0.34\varepsilon + 0.31)d \tag{4-7}$$

则有

$$K_\varepsilon = \frac{b}{d} = 4\varepsilon^2 + 0.34\varepsilon + 0.31 \tag{4-8}$$

4.1.2　长期贮存条件下 O 形圈密封结构泄漏率计算模型

上述已经分析过，固体火箭发动机贮存过程中橡胶圈的自然老化是一个客观存在的现象，

是人力无法消除的，因而有必要研究橡胶圈老化引起的性能劣化对密封性能的影响。

1.橡胶圈老化引起的性能劣化

O 形圈的性能因老化而发生劣化，主要表现形式有以下几种。

(1)材料性能下降。橡胶圈的老化使其可逆变形随时间增长而逐渐减小，密封力下降，当减小到临界值时就会导致密封失效。

(2)永久变形量增加。装配后的 O 形圈在固体火箭发动机贮存期间，材料的力学性能下降，永久变形量增加，密封面上的接触应力逐渐减小，当接触应力小于发动机内压力时，密封失效。

(3)回弹速率下降。密封材料的老化使 O 形圈回弹速率下降，在发动机点火建压过程中，橡胶圈的回弹速率不能及时响应结构变形，橡胶圈与结构件便会在间隙处分离，或因为这种变形回弹延滞，使橡胶圈的回弹力在点火初期远小于初始压紧力从而导致密封结构失效。

(4)磨损。这是喷管动密封的特有现象，密封材料的老化使得橡胶圈变硬变脆，在发动机喷管摆动过程中，橡胶圈的机械磨损加剧，从而导致密封失效。

无论是以上表现形式的哪一种，最终都是导致发动机密封性能劣化，而发动机密封性能劣化的具体表现形式是密封结构接触应力下降和泄漏率增大，密封结构可靠性下降，寿命缩短。

在上述密封圈老化引起性能下降的四种表现形式中，磨损只有在喷管摆动时才会发生，而在导弹贮存中发动机喷管静止不动，不会发生磨损现象，在导弹测试中有时会进行喷管摆动测试，但摆动次数有限，不会造成明显的磨损。回弹速率下降只有在发动机点火建压的过程中工作压力急剧上升时才会表现出来，这是动态压力作用下的瞬态密封问题，而气密性检查压力低，且为静态压力作用时，无法对此问题进行评估，后面将对此问题进行专门研究。

下述分析老化引起密封圈材料性能下降和永久变形增加导致的 O 形圈密封结构接触应力下降和泄漏率增大问题。

2.基于密封圈老化的泄漏率计算模型和密封性能评估方法

为计算老化对接触应力的影响，在接触应力中引入老化时间因素，其计算公式为

$$\bar{\sigma}(t)/\bar{\sigma} = B\exp(-K_c t^{\alpha}) \tag{4-9}$$

式中：t——自然老化时间；

σ——不经老化的橡胶圈的接触应力；

$\sigma(t)$——经历 t 时间老化后的橡胶圈的接触应力；

B、α——老化模型系数；

K_c——老化速度常数。

因此，长期贮存条件下 O 形圈密封结构接触应力失效判据准则变为

$$\bar{\sigma}(t) \leqslant p \tag{4-10}$$

将式(4-9)代入 O 形圈泄漏率公式(4-5)，可得基于密封圈性能劣化的泄漏率计算模型为

$$Q(t) = 4\sqrt{\frac{T}{M}}\frac{Lh^2}{b}\exp\left(\frac{-3\sigma_m B\exp(-K_c t^{\alpha})}{R_S}\right)\Delta p \tag{4-11}$$

因此，长期贮存条件下 O 形圈密封结构泄漏率失效判据准则变为

$$Q(t) \geqslant Q_0 \tag{4-12}$$

式中：Q_0——结构允许的最大泄漏率。

利用式(4-6)和式(4-9)计算固体火箭发动机 O 形圈的接触应力，利用式(4-11)计算 O 形圈密封结构的泄漏率，而后就可以用接触应力失效判据准则式(4-10)和泄漏率失效判据准则式(4-12)对经历不同贮存(老化)时间密封圈性能劣化后的固体火箭发动机密封结构的密封性能进行评估。

4.2　橡胶材料的本构模型

在对 O 形圈密封结构的泄漏率进行仿真计算时，需要准确描述橡胶材料的应力-应变关系(即材料的本构模型)。与金属材料相比，橡胶材料的本构模型具有明显的非线性性，其力学性能与外界条件、加载速率、应变过程等因素有极大关联，且随时间延长而不断变化。从 20 世纪 40 年代起，国内外学者先后提出了许多橡胶材料的超弹性本构模型，大致可分为基于应变能函数的唯象模型和基于分子链网络的统计模型两大类。

4.2.1　基本理论

1. 应变能函数

对于各向同性的橡胶材料，记 I_1，I_2 和 I_3 为 Cauchy-Green 变形张量不变量，基于应力-应变关系，橡胶材料的本构关系可以用应变能密度函数(W)表示，即

$$\left.\begin{aligned} &W=W(I_1,I_2,I_3)\\ &I_1=\lambda_1{}^2+\lambda_2{}^2+\lambda_3{}^2\\ &I_2=\lambda_1{}^2\lambda_2{}^2+\lambda_2{}^2\lambda_3{}^2+\lambda_1{}^2\lambda_3{}^2\\ &I_3=\lambda_1{}^2\lambda_2{}^2\lambda_3{}^2\\ &\lambda_i=1+\gamma_i \end{aligned}\right\} \tag{4-13}$$

式中：I_1，I_2 和 I_3——变形张量不变量；

λ_1，λ_2 和 λ_3——主伸长比；

γ_i——主应变。

对于不可压缩的橡胶材料，$I_3=\lambda_1{}^2\lambda_2{}^2\lambda_3{}^2=1$。

由应变能函数 W，可给出柯西应力张量 σ 的表达式，即

$$\sigma=-pI+2\frac{\partial W}{\partial I_1}B-2\frac{\partial W}{\partial I_2}B^{-1} \tag{4-14}$$

式中：I——变形张量不变量；

p——由于不可压缩假设引入的任意流体静压力；

B——变形张量。

I_i (i=1,2,3)是 B 的不变量，即

$$\left.\begin{aligned} &I_1=B\\ &I_2=\frac{1}{2}[I_1{}^2-\mathrm{tr}(B^2)]\\ &I_3=\det B \end{aligned}\right\} \tag{4-15}$$

将式(4-15)代入式(4-14)可得

$$\sigma_i = 2\left[\lambda_i^2 \frac{\partial W}{\partial I_1} - \frac{1}{\lambda_i^2}\frac{\partial W}{\partial I_2}\right] - p \ ,\ i=1,2,3 \tag{4-16}$$

由式(4-16)可导出实验中柯西应力常用的表达式。

(1)在在单轴拉伸与压缩实验中,柯西应力常用的表达式为

$$\sigma_{11} = 2\left(\lambda_1^2 - \frac{1}{\lambda_1}\right)\left(\frac{\partial W}{\partial I_1} + \frac{1}{\lambda_1}\frac{\partial W}{\partial I_2}\right) \tag{4-17}$$

(2)在简单剪切实验中,柯西应力常用的表达式为

$$\sigma_{12} = \left(\lambda_1 - \frac{1}{\lambda_1}\right)\left(\frac{\partial W}{\partial I_1} + \frac{\partial W}{\partial I_2}\right) \tag{4-18}$$

(3)在等双轴拉伸实验中,有

$$\sigma_{11} = \sigma_{22} = 2\left(\lambda_1^2 - \frac{1}{\lambda_2}\right)\left(\frac{\partial W}{\partial I_1} + \lambda_1^2\frac{\partial W}{\partial I_2}\right) \tag{4-19}$$

(4)在双轴拉伸实验中,有

$$\left.\begin{aligned} \sigma_1 &= 2\left\{\frac{\partial W}{\partial I_1}\left(\lambda_1^2 - \frac{1}{\lambda_1^2\lambda_2^2}\right) + \frac{\partial W}{\partial I_2}\left(\lambda_1^2\lambda_2^2 - \frac{1}{\lambda_1^2}\right)\right\} \\ \sigma_2 &= 2\left\{\frac{\partial W}{\partial I_1}\left(\lambda_2^2 - \frac{1}{\lambda_1^2\lambda_2^2}\right) + \frac{\partial W}{\partial I_2}\left(\lambda_1^2\lambda_2^2 - \frac{1}{\lambda_2^2}\right)\right\} \end{aligned}\right\} \tag{4-20}$$

2. 热力学统计法

分子统计学理论认为橡胶材料的应力应变行为主要由构象熵决定。该理论假设橡胶弹性体是一个由任意取向的柔性长链分子通过交联点组成的分子链网络,分子链末端距的径向分布符合高斯函数。研究表明:当没有外力作用时,分子链的构象熵接近最大值;而当有外力作用时,构象数由于分子链内的旋转运动发生变化,从而引起构象熵发生变化,使得橡胶材料具有高弹性。

4.2.2 基于应变能函数的唯象模型

1. 以应变不变量表示的应变能函数模型

在处理橡胶弹性时,可以把橡胶材料的变形看成是各向同性的均匀变形,从而将应变能密度函数表示成变形张量不变量的函数。

(1)Mooney-Rivlin 模型。Mooney-Rivlin 模型是一个比较常用的模型,几乎可以模拟所有橡胶材料的力学行为。其应变能密度函数模型为

$$W = \sum_{i+j=1}^{N} C_{ij}(I_1 - 3)^i (I_2 - 3)^j + \sum_{k=1}^{N}\frac{1}{d_k}(I_3^2 - 1)^{2k} \tag{4-21}$$

对于不可压缩材料,典型的二项三阶展开式为

$$W = C_1(I_1 - 3) + C_2(I_2 - 3) \tag{4-22}$$

式中:N,C_{ij} 和 d_k——材料常数,由实验确定。

Mooney-Rivlin 模型适合于中小变形,但该模型不能模拟多轴受力数据,由某种试验得到的数据不能用来预测其他的变形行为。对于没有加炭黑的橡胶来说,这模型能得到比较准确的结果,但不能精确模拟加了炭黑的橡胶。

(2)Yeoh 模型。Yeoh 模型比较适合模拟炭黑填充 NR 的大变形行为,并具有用简单的单轴拉伸试验数据描述其他变形的力学行为的能力。其应变能密度函数模型为

$$W=\sum_{i=1}^{N}C_{i0}(I_1-3)^{i}+\sum_{k=1}^{N}\frac{1}{d_k}(J-1)^{2k} \tag{4-23}$$

J 是变形后与变形前的体积比,对于不可压缩材料,$J=1$。典型的二项参数形式为

$$W=C_{10}(I_1-3)+C_{20}(I_1-3)^2 \tag{4-24}$$

式中:N,C_{ij} 和 d_k ——材料常数,由材料试验确定。

Yeoh 模型能描述随变形而变化的剪切模型的填料橡胶,如加炭黑后的橡胶。而且,该模型可通过某种简单变形实验数据拟合的参数来预测其他变形的力学行为,描述的变形范围也较宽。但 Yeoh 模型对等双轴拉伸实验的结果不能很好地解释,不能准确描述小变形时的情况。

2. 以主伸长表示的应变能函数模型

(1)Valanis-Landel 应变能函数。各向同性超弹性体应变能函数可用主伸长 $\lambda_i(i=1,2,3)$ 表征,其具有以下的对称性:

$$W(I_1,I_2,I_3)=W(\lambda_1,\lambda_2,\lambda_3)=W(\lambda_1,\lambda_3,\lambda_2)=W(\lambda_3,\lambda_1,\lambda_2) \tag{4-25}$$

以主伸长表征的 Valanis-Landel 应变能函数为

$$W=\sum_{i=1}^{3}W(\lambda_i) \tag{4-26}$$

经试验,进一步得出

$$W=2G\sum_{i=1}^{3}[\lambda_i(\ln\lambda_i-1)] \tag{4-27}$$

该式的适用条件为　　$0.6<\lambda_i<2.5$

(2) Ogden 模型。Ogden 模型不作应变能函数是主伸长偶函数的假设,提出以主伸长来表征应变能函数,即

$$W(\lambda)=\sum_{i=1}^{\infty}\frac{u_i}{\alpha_i}(\chi_1^{\alpha i}+\chi_2^{\alpha i}+\lambda_3^{\alpha i}-3) \tag{4-28}$$

式中:μ_i 和 α_i—— 材料常数,α_i 可取任何实数值。

Ogden 模型与 Mooney-Rivlin 模型并没有本质上的区别,仅在有限元分析中根据系数拟合的难易程度选择合适的模型。

4.2.3　基于分子统计学理论的本构模型

分子链网络模型按照分子链的统计特性可分为高斯链网络模型和非高斯链网络模型两类。其中最具代表性的分子统计学模型包括 Treloar 模型以及 Arruda-Boyce 的 8 链模型。

1. 高斯链网络模型

Treloar 在合理假设的基础上,把 Kuhn-Grun 提出的高斯链统计理论应用到高分子网链中,用以描述橡胶材料的宏观行为,根据单位体积分子链网络构象熵的改变得到相应的应变能密度函数为

$$W_G=-T\Delta S=\frac{1}{2}C_R({\lambda_1}^2+{\lambda_2}^2+{\lambda_3}^2-3)=\frac{1}{2}\mu(I_1-3) \tag{4-29}$$

式中： $C_R = nkT$ ——材料初始剪切模量；

k——Boltzmann 常数；

T——绝对温度；

$\lambda_i(i=1,2,3)$ ——主伸长比。

高斯统计模型是基于假设末端距远小于分子链的全部伸展长度建立的，因此该模型存在局限性，它只能用来近似预测小变形时的情况，不能用来描述分子链的伸展过程。

2. 非高斯链网络模型

当分子链的末端距并不远小于分子链的伸展长度时，就需要考虑非高斯链的影响，基于这种理论提出了非高斯 8 链模型。8 链模型的几何形状关于 3 个主轴对称，8 个分子链具有相同的伸长率，即

$$\lambda_{\text{chain}} = \sqrt{({\lambda_1}^2 + {\lambda_2}^2 + {\lambda_3}^2)/3} \tag{4-30}$$

假设橡胶分子链由 N 个长度为 l 的链段组成，其应变能密度函数为

$$W_{8\text{ch}} = C_R \sqrt{N}\left[\beta_c \lambda_{\text{chain}} + \sqrt{N} \ln \frac{\beta_c}{\sinh\beta_c}\right] \tag{4-31}$$

式中： $C_R = nkT$ ——材料初始剪切模量；

$\beta_c = L^{-1}(\lambda_{\text{chain}}/\sqrt{N})$ ，$L^{-1}(x)$——Langevin 函数的反函数。

8 链网络模型可以较好地模拟和预测大变形阶段的情况，但在预测小变形阶段时误差较大。

3. 混合模型

罗文波等在 2008 年引入权重函数，用高斯链网络模型描述小变形的同时，用 8 链网络模型描述大变形，提出了基于高斯网络模型与 8 链模型的混合模型。其名义应力主值表示的混合模型为

$$\left.\begin{aligned} f_i &= \rho(\lambda) {f_i}^{G} + [1-\rho(\lambda)] {f_i}^{8\text{ch}} \\ f &= \sum_i f_i(e_i) \end{aligned}\right\} \tag{4-32}$$

式中：${f_i}^{G}$ ——高斯链网络模型的名义应力主值；

${f_i}^{8\text{ch}}$ ——8 链网络模型的名义应力主值。

考虑到小变形和大变形时混合模型将分别趋近于高斯模型和 8 链网络模型，权重函数 $\rho(\lambda)$ 采用以下形式：

$$\rho(\lambda) = \frac{1}{1+[(\lambda-1)/(\lambda_r-1)]^q} \tag{4-33}$$

式中：参数 λ_r 表征由高斯链网络模型主导的形变范围，参数 q 控制两个模型之间的转换速率。

实验表明，该混合模型具有同时描述不同变形模式的能力，并且，该混合模型的总体预测精度要比高斯链网络模型和 8 链网络模型更高，特别是对剪切变形的模拟。

4.2.4 模型小结

各本构模型的特点及适用范围，见表 4－1。

表 4-1　各本构模型的特点及适用范围

分　类	本构模型	特点及适用范围
应变能函数模型	Mooney-Rivlin 模型	适合于中小变形，但不能精确模拟加了炭黑的橡胶
	Yeoh 模型	能描述加炭黑后的填料橡胶，但不能准确描述小变形时的情况
	Valanis-Landel 模型	应变能函数用主伸长表征，适用条件为 $0.6<\lambda_i<2.5$
	Ogden 模型	与 Mooney-Rivlin 模型并无本质区别
热力学统计模型	高斯链网络模型	只能近似预测小变形时的情况，不能用来描述分子链伸展过程
	非高斯链网络模型	能精确模拟大变形阶段的情况，但预测小变形阶段时误差较大
	混合模型	具有同时描述不同变形模式的能力，总体预测精度高

人们主要从唯象法和统计热力学法两个方面研究橡胶材料的力学特性。由于在建立超弹性本构模型时都引入了一些假设，因此现阶段所有模型的适用范围都存在一定的局限性，模拟和预测变形情况时与实际情况或多或少存在一定差距。近年来，研究者从分子热力学、非高斯链、网络缺陷等角度对传统的本构模型进行了修正，尤其是基于高斯网络模型与 8 链模型的混合模型，能够利用高斯网络模型和 8 链模型的优势，较好地描述不同变形大小的情况。此外，应用于工程中的橡胶材料大多含有炭黑和硫黄等配合剂，其力学性能与温度有很大关联，适合建立热-黏弹性本构模型，但该模型研究橡胶材料的黏性只能采用线性微分法，有学者仅做了初步探讨，还需进一步研究。为了进一步了解橡胶材料的本质，完善其超弹性本构模型，研究者将从非高斯、网络缺陷、物理缠结和热力学性能对弹性的贡献等 4 个方面入手，对经典理论模型进行不断修正。

由于 Mooney-Rivlin 模型适用橡胶种类广泛，特别是对不加炭黑的橡胶描述准确，且适用于中小变形情况，本书将选用该模型描述硅橡胶和氟橡胶的本构关系。

4.3　长期贮存条件下 O 形圈密封结构泄漏率计算

由上述分析可知，要计算 O 形圈密封结构的泄漏率，需要先获得 O 形圈的接触应力。由于 O 形圈密封结构的非线性特点，O 形圈的接触宽度、接触应力等很难通过解析法直接计算，而是要通过数值方法进行计算。

4.3.1　考虑三重非线性的 O 形圈密封结构仿真计算方法

O 形密封圈由橡胶高分子材料加工制成，橡胶作为一种超弹性材料，其物理化学性能与金属材料有很大差别，其显著特点是具有三重非线性，即几何非线性、材料非线性和接触非线性。为使数值计算结果准确可靠，必须很好地解决三重非线性问题。本书采用 ABAQUS 软件进行接触应力和泄漏率的仿真计算，采用以下方法解决三重非线性问题。

1. 几何非线性

几何非线性是指位移的大小对结构的响应产生影响，包含大位移、大转动、原始应力、几何刚性化和瞬间翻转等情况。

橡胶材料的泊松比一般在 0.45～0.499 9 的区间内变化，接近于液体的泊松比 0.5。因此橡胶可以看作是一种近似不可压缩材料。橡胶高分子材料变形很大，而其弹性模量却比金属材料小很多。橡胶材料的变形范围一般在 200%～500%，甚至能够达到 1 000%。在密封结构中，橡胶 O 形圈在受力状态下几何变形并不规律，其位移形变关系已远远超出了胡克定律的线性理论范畴：当受较小的外力时，橡胶 O 形圈因具有较大的变形能力产生大变形，当卸载外力后，橡胶密封圈又能基本恢复原来的形状；而当受过大的外力时，橡胶密封圈变形破损，产生永久变形，将不能恢复原来的形状。计算中必须合理地处理这些情况。

ABAQUS 被称为国际上先进的大型通用非线性有限元分析软件，在处理非线性计算问题时比其他有限元软件具有明显的优势。本书在接触应力计算过程中，对固体火箭发动机密封结构进行合理简化，以二维轴对称模型为基础建立简化三维模型，可有效降低迭代出现发散的可能性。在计算步中对几何非线性问题进行专门定义，在 * Step 选项中去掉 Perturbation 参数，加入 Nlgeom 参数，并加入 INC 参数来指定分析中允许的最大增量步的数目。在 CAE (Computer Aided Engineering) 中也对几何非线性进行了定义，即在定义 Step 时把 Nlgeom 参数设为 on。这样，ABAQUS 即能够根据定义好的几何非线性参数进行计算。

2. 材料非线性

进行结构的仿真计算，需要准确描述结构材料的应力-应变(本构)关系。橡胶材料的应力-应变关系具有明显的非线性，必须采用合适的非线性本构模型。为了更准确地计算 O 形橡胶圈的力学行为，本书在 ABAQUS 材料属性(Property)模块中，利用简化后的应变能函数，选取 2 个材料常数的 Mooney-Rivlin 应变能函数模型来表征橡胶材料的本构关系，利用试验数据拟合得到相应的材料常数。

3. 接触非线性

由上述分析可知，密封件的密封主要靠接触面上的接触压力提供，因此密封问题的实质可归纳为接触问题。接触问题具有高度非线性的特点，在进行接触计算时边界条件复杂，系统接触状态容易发生变化，是典型的状态非线性问题。解决接触问题有以下几方面的难点。

(1)表面非线性和边界不确定性。在求解之前，接触区域未知，很难准确判断表面之间是否接触。此外，在计算过程中接触面会随应力、材料和边界条件等因素的变化而突然发生变化，极易造成计算结果不收敛。

(2)摩擦问题。一般的接触问题均需考虑摩擦因素的影响，由于摩擦与路径相关，且摩擦响应具有混乱性，因此可用于接触计算的几种摩擦模型均具有非线性性，这使得求解过程更加复杂。

(3)其他物理场(湿度场、温度场等)对接触的影响。接触问题通常可分为刚体-柔体的接触和柔体-柔体的接触两种基本类型。在刚体-柔体的接触问题中，接触面的某个表面是刚体或其刚度比其他表面大很多，即视为除刚体运动之外无其他应变及变形，而另一表面由软性材料构成，可发生变形。O 形圈密封结构由上、下法兰及橡胶 O 形圈构成，实际上是金属材料和超弹性橡胶材料之间的非线性接触问题，属于刚体-柔体的面-面接触的高度非线性问题。

本书在利用 ABAQUS 接触设置中进行以下处理。

(1)定义接触对。选择刚度较大的上、下法兰接触表面作为主面，橡胶 O 形圈的接触表面作为从面。在 ABAQUS 仿真过程中，接触方向即为主面的切线方向，允许主面上的节点穿透从面，但从面上的节点不能穿透主面。

(2)设置相对滑动。在 ABAQUS/Standard 中，两个接触面的相对滑动可采用两个不同的接触公式来模拟：有限滑移(Finite Sliding)和小位移滑移(Small Sliding)。有限滑移假设两个接触面之间会发生任意的相对滑动，仿真时必须随时判断从面与主面的接触状态。小滑移假设两个接触面之间仅发生微小滑动，即滑动的长度远小于网格单元的尺寸，定义了小滑动的接触对，在仿真一开始就确定了从面与主面的接触状态，在之后的仿真过程中这种接触状态不会再有任何改变。由于本书研究的问题具有接触表面非线性和边界不确定性特点，选择有限滑移对橡胶圈与法兰的相对滑动进行描述。

(3)定义接触属性。对于法向作用，定义接触压力和间隙的默认关系为硬接触(Hard Contact)，即接触面之间不约束允许传递的接触压力大小，当接触压力小于等于零时，接触面分开并去除对应节点上的接触约束。采用罚函数算法(Penalty Function)作为约束执行算法，在两个接触面的节点之间填充伪单元来模拟面-面之间的接触，未接触时刚度接近于零，对物体的运动不造成影响，当接触时伪单元的刚度变大，能有效阻止两个接触物体之间的相互嵌入。

深入分析了 O 形圈密封结构存在的几何非线性、材料非线性和接触非线性特点，本书在计算接触应力时设置几何非线性算法、用 Mooney-Rivlin 模型描述橡胶的材料非线性、采用 Newton-Raphson 算法和罚函数处理接触非线性，将整个计算划分成若干个载荷增量步，在每个增量步内迭代若干次后得出近似解，而后对下一个增量步进行求解，最后对所有增量响应求和便得到非线性计算的近似解。这就是基于三重非线性的 O 形圈密封结构仿真计算方法。先计算出接触应力，然后在此基础上计算泄漏率，为 O 形圈密封结构的密封性能评估提供数据。

4.3.2　固体发动机 O 形圈密封结构接触应力计算

1. 基本假设

O 形圈密封结构实际情况很复杂，为便于计算，作以下假设。

(1)橡胶材料具有确定的弹性模量和泊松比。虽然橡胶材料的配方和工艺不同，其弹性模量和泊松比会有变化，但对于特定的固体火箭发动机来说，其密封圈材料是确定的，不同批次变化很小。

(2)橡胶材料各向同性，压缩和拉伸的蠕变性质相同，且认为材料是均质的。

(3)橡胶 O 形圈体积不可压缩，其泊松比接近于液体的泊松比 0.5。

(4)对接密封结构法兰本体为刚体，在受预紧力和介质压力作用时，只有刚体位移，没有变形。

(5)橡胶圈受到的初始预紧是由上法兰对橡胶O形圈的相对位移产生的,下法兰无位移。

2. 固体火箭发动机O形密封结构有限元模型

根据O形圈密封结构建立几何模型,图4-2为矩形槽O形圈密封结构截面示意图,密封槽的宽度为K、深度为S,橡胶圈截面直径为d,压缩后的宽度为b、高度为h。

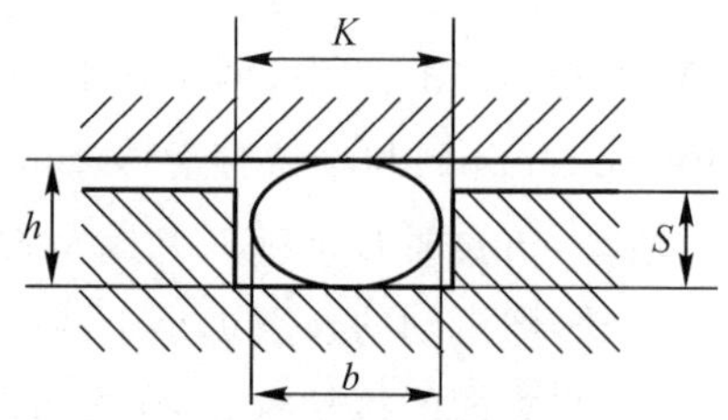

图4-2 矩形槽O形圈密封结构截面示意图

固体火箭发动机对接密封结构一般是360°旋转对称的,周向每个纵剖面上的应力应变都基本相同,因此可以采用纵剖面的二维模型进行计算。但二维模型难以处理三重非线性问题,计算结果的误差将会很大。要准确模拟固体火箭发动机O形圈密封结构的力学特性,采用360°密封结构全尺寸模型将会使计算结果更为准确。但模型规模太大,特别是进行三重非线性处理时计算量特别大,也容易产生计算不收敛的问题。

综合考虑计算精度和计算速度,本书建立了固体火箭发动机O形圈密封结构的简化三维模型,即取密封结构纵剖面上绕中心轴旋转30°的沟槽附近一个较小区域,如图4-3所示。计算后,将30°模型计算结果扩展到360°。这样处理不仅对计算结果精度的影响较小,而且可以有效解决橡胶材料三重非线性造成的收敛困难的问题,节省计算时间。

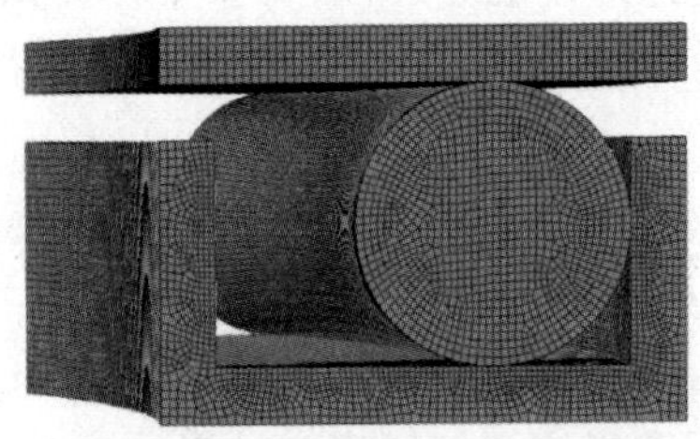

图4-3 O形圈密封结构简化三维有限元模型

简化三维模型中,上、下法兰为刚性材料,弹性模量$E=210$ GPa,泊松比$\gamma=0.285$,不考虑其变形。橡胶O形圈泊松比$\gamma=0.499$,接近于0.5,将其视为各向同性的不可压缩材料,并选择典型的两参数Mooney-Rivlin应变能函数本构模型表征橡胶材料的应力-应变关系,材料常数C_{10}、C_{01}经试验数据拟合后分别取1.2和-0.33。

采用CAX4H单元对密封结构进行自由技术(Free)网格划分,上、下法兰共划分了1 746个单元,橡胶O形圈划分了3 923个单元。

3. 计算设置

(1)定义分析步,施加载荷。除设置初始分析步外,还要定义两个载荷分析步,分别对密封结构施加以下载荷。

1)对上法兰施加 Y 方向位移载荷,模拟对 O 形圈的预压缩。

2)在橡胶圈左侧施加均布压力载荷,模拟 O 形圈受到的介质压力。

3)为处理超弹性橡胶材料的大变形、大应变,在分析步中设置 Nlgeom 几何非线性计算,并将初始增量大小设为 0.01,利于计算收敛。

(2)定义接触及边界条件。在模型设置 3 个接触对:

1)上法兰端面与 O 形圈表面构成的接触。

2)下法兰上侧表面与 O 形圈表面构成的接触。

3)下法兰右侧表面与 O 形圈表面构成的接触。

并采用罚单元法对橡胶与金属的接触问题进行面-面接触处理。

将上法兰 X 轴方向位移设为 0,Y 轴沿负方向设置一个自由度,以便施加位移载荷;下法兰设置为全约束。

4. O 形圈有限元仿真结果与数据分析

下述计算采用 O 形圈尺寸为 575 mm×6 mm,设置不同的介质压力和不同的压缩率(模拟不同的预紧力),介质压力由右侧施加于橡胶圈,压缩由上法兰向下移动施加于橡胶圈,进行一系列计算,其结果如下:

(1)不同介质压力下橡胶圈应力及变形情况。当压缩率固定为 25%,介质压力分别设置为 0.3 MPa,1 MPa,2 MPa 和 3.5 MPa 时,矩形密封槽中 O 形圈的应力分布如图 4-4 所示。

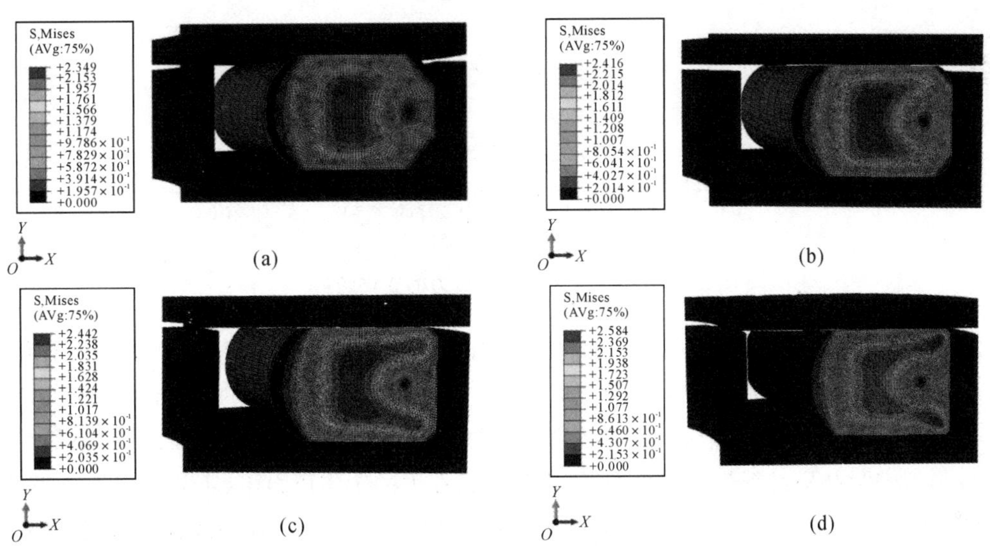

图 4-4　不同介质压力下 O 形圈应力云图

(a)p=0.3 MPa;(b)p=1 MPa

(c)p=2 MPa;(d)p=3.5 Mpa

从图 4-4 可以看出，在预紧力和介质压力的共同作用下，O 形圈的应力呈哑铃状分布。当介质压力较小时，橡胶圈中心区域应力较大，四周应力较小，在橡胶圈和法兰上、下接触面上出现应力集中。随着介质压力的增大，大应力区由中间区域逐渐向上、下和右侧移动，最终出现大应力区域的分裂，橡胶圈和沟槽右侧壁成为应力集中部位。此外，介质压力越大，O 形圈的变形越大，越容易被挤入密封沟槽间隙中，造成结构破坏。

当初始压缩率为 15%，介质压力分别为 0.3 MPa，0.5 MPa，5 MPa 和 10 MPa 时，不同介质压力下 O 形圈最大 Von Mises 应力及最大接触压力数值见表 4-2。

表 4-2　压缩率为 15%时不同介质压力下最大应力及最大接触压力数值表

介质压力/MPa	0.3	0.5	5	10
最大 Von Mises 应力/MPa	3.179	3.208	4.918	6.730
最大接触压力/MPa	3.100	4.287	8.677	13.653

当初始压缩率为 25%时，不同介质压力作用下矩形槽内 O 形圈应力随介质压力的变化趋势如图 4-5 所示。

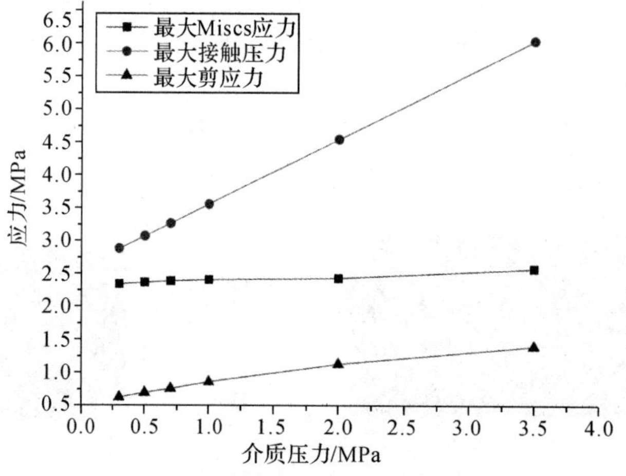

图 4-5　应力随介质压力的变化趋势

由表 4-2 和图 4-5 均可以看出，压缩率一定时，随着介质压力增大，橡胶圈的最大 Von Mises 应力、最大接触压力和最大剪应力均增大。其中，最大 Von Mises 应力和最大剪应力增幅较小，而最大接触应力增幅较大。这说明介质压力越大，密封越可靠。因此，用小的工作压力对 O 形圈密封结构进行气密性检测，可以保证其在大的工作压力下(不超过极限破坏压力)的密封性能。也就是说，对工作压力较大的设备，可用小于工作压力的检测压力进行气密性检查，结果是可靠的。在实践中，固体火箭发动机燃烧室工作压力通常在 3 MPa 以上，有的发动机甚至高达 10 MPa，而在气密性检查时的压力通常为 0.1～0.4 MPa。以上计算结果说明这一做法是正确的。

从图 4-5 中还可以明显地看到，橡胶圈的最大接触压力始终大于介质压力，这一结果与 O 形圈密封结构的自锁密封特性相吻合。

(2)不同初始压缩率下橡胶圈的应力与变形情况。当介质压力为 0.3 MPa，初始压缩率分别为 15%，20%，25%和 30%时，不同压缩率下矩形密封槽中 O 形圈的应力分布如图 4-6 所示。

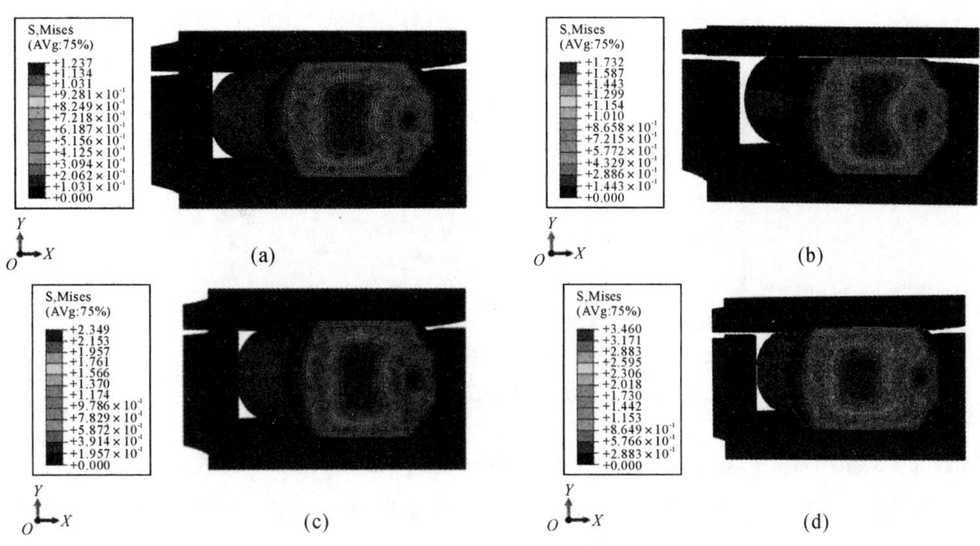

图 4-6　不同压缩率下 O 形圈应力云图

(a)ε=0.15；(b)ε=0.20；(c)ε=0.25；(d)ε=0.30

图 4-6 中 O 形圈的应力分布和变形形状与图 4-4 相似，但不同的是，随着压缩率的增大，应力较大的区域从原本分散于周边的几块逐渐向中心区域汇聚，正与介质压力增大所表现出的现象相反。这说明，由于 O 形圈的对称性，从上下和左右两个方向施加作用力，其效果是相同的；如果两个方向作用力相当，大应力区出现在中心区域；如果一个方向的作用力大于另外一个方向的作用力，则大应力区会向作用力小的方向扩展，出现矩形或哑铃形分布；如果一个方向的作用力比另一个方向的作用力大得多，则大应力区域会在作用力小的方向出现分裂，在两侧出现两个大应力区。这就是说，如果两个方向作用力均超过橡胶圈的强度极限，会发生中心破坏，如果只有一个方向作用力超过橡胶圈强度极限，会发生两侧破坏。

当介质压力为 0.3 MPa，初始压缩率分别为 5%，10%，15%和 20%时，最大 Von Mises 应力和最大接触压力数值见表 4-3。

表 4-3　介质压力为 0.3 MPa 时不同压缩率下最大应力及最大接触压力数值表

压缩率	0.05	0.1	0.15	0.2
最大应力/MPa	1.284	2.161	3.179	4.484
最大接触压力/MPa	2.034	3.100	4.100	5.133

当介质压力为 0.3 MPa，初始压缩率分别为 15%，20%，25%和 30%时，最大应力随初始压缩率的变化趋势如图 4-7 所示。

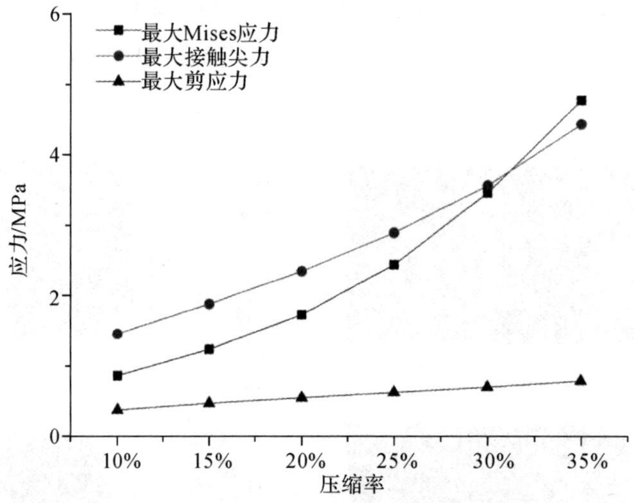

图 4-7　应力随初始压缩率的变化趋势

从表 4-3 和图 4-7 均可以看出，介质压力一定时，随着压缩率增大，O 形圈的最大 Von Mises 应力、最大接触应力和最大剪应力均增大。这说明，增大初始压缩率(预紧力)，有利于密封。其中，最大 Von Mises 应力和最大接触应力增幅较大，而最大剪应力增幅较小。同样可以看到，橡胶圈的最大接触应力始终大于介质压力。

(3)接触应力与接触宽度。从前面的计算结果可以提取出不同介质压力和不同压缩率下的橡胶 O 形圈的接触应力和接触宽度，用于泄漏率计算。当介质压力为 0.3 MPa 时，不同压缩率下的接触应力和接触宽度见表 4-4。其中，当介质压力为 0.3 MPa、初始压缩率为 25%时，密封结构内橡胶圈的接触应力的分布云图如图 4-8 所示。

表 4-4　不同压缩率的橡胶圈与法兰的接触长度及接触压力的仿真计算结果

压缩率	接触长度/mm	接触压力/MPa
0.10	3.991 82	0.902 9
0.15	5.025 34	1.226 0
0.20	6.121 23	1.569 9
0.25	7.142 65	2.007 6
0.30	8.448 34	2.4806
0.35	9.749 32	3.232 3

从表 4-4 和图 4-8 可以看出，当介质压力一定时，随着压缩率增大，O 形橡胶圈与法兰之间的接触面宽度和最大接触压力不断增大。压缩率一定时，增大介质压力也有同样规律。

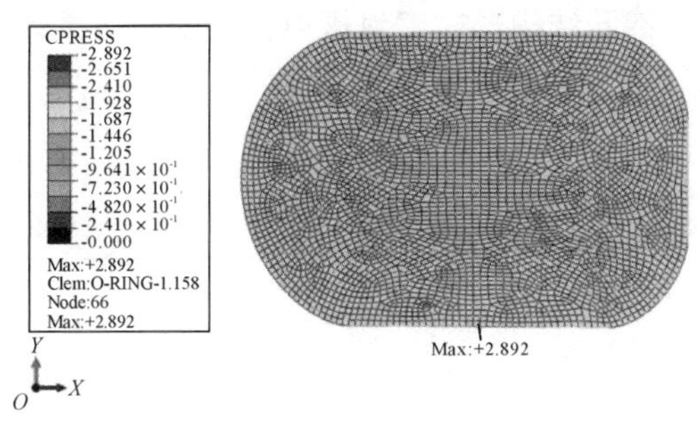

图 4-8　接触应力分布云图

这说明压缩率和介质压力的增大有利于降低固体发动机密封结构的泄漏率。

(4)密封槽形式对橡胶圈应力及变形情况的影响。当介质压力为 0.3 MPa、初始压缩率为 15%时,不同结构形式的密封槽 Von Mises 应力分布云图如图 4-9 所示。

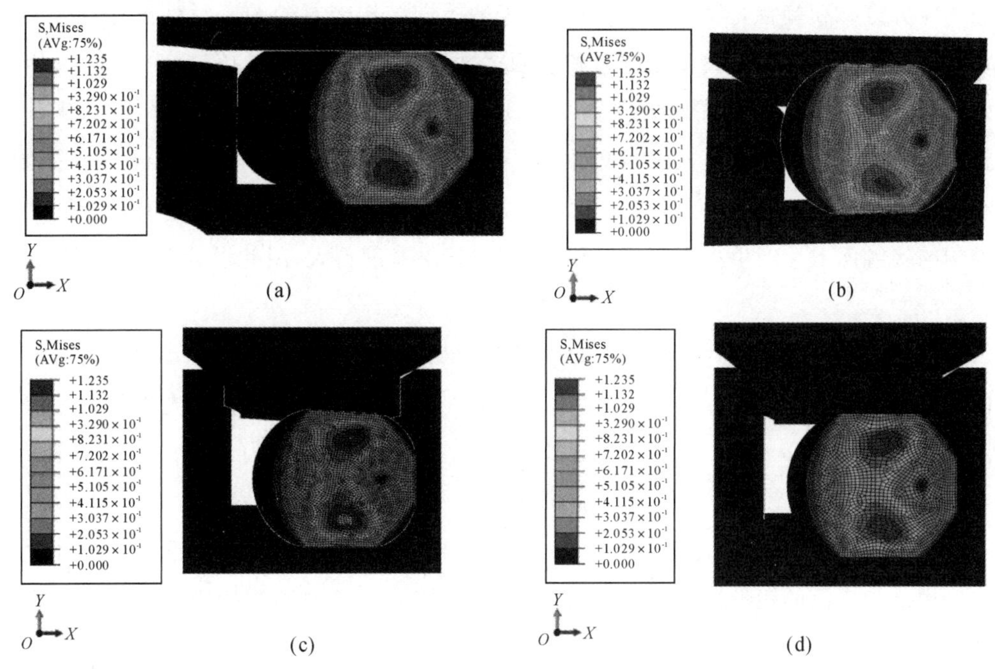

图 4-9　不同结构形式密封槽的应力分布云图

(a)矩形槽;(b)自紧槽;(c)自紧斜凸台+矩形槽;(d)凸台+矩形槽

各密封结构均通过上法兰沿 Y 轴负方向的位移模拟橡胶圈的预压缩应力,由图 4-9 可知,变形之后各密封槽内 O 形圈的截面形状呈近似椭圆形,上、下法兰并未发生形变。这是由于上、下法兰的弹性模量与橡胶圈的弹性模量相比大很多,上、下法兰可视为刚体。在介质压力和初始压缩率相同的情况下,不同结构形式密封槽内 O 形圈的应力分布基本一致,呈哑铃状上下对称分布,且最大应力均出现在 O 形圈与上、下法兰的接触面附近。

当介质压力为 0.3 MPa,初始压缩率为 15%时,各结构形式密封槽内 O 形圈的仿真计算结果见表 4-5。

表 4-5 不同结构形式密封槽内橡胶圈的仿真计算结果

结构形式	最大 Mises 应力 S_{max} / MPa	最大接触应力 σ_{max} / MPa	最大剪应力 τ_{xy} / MPa	接触宽度 b/mm
矩形槽	1.234 17	1.895 51	0.484 68	2.793 12
自紧槽	1.301 35	1.936 18	0.496 46	2.789 75
自紧斜凸台＋矩形槽	1.560 83	2.053 31	0.467 19	2.984 82
凸台＋矩形槽	1.233 81	1.953 17	0.479 80	2.895 19

由表 4-5 的计算结果可知，当介质压力和压缩率相同时，密封槽不同的结构形式对槽内 O 形圈的应力分布和接触宽度有一定影响，这表明不同结构密封槽的密封性能存在差异。其中自紧斜凸台＋矩形槽的最大接触应力和接触宽度比其他结构形式的密封槽都要大，因此其密封效果最好。由于 O 形圈在槽内左侧受介质压力作用，因此当压力逐渐增大时，未加凸台的密封槽内橡胶圈有可能被挤入密封间隙中，导致橡胶圈性能下降或损坏，凸台与矩形槽的组合可有效防止这一现象发生。此外，在初始压缩率相同的情况下，上、下法兰有一定倾斜度时密封结构的接触面上会产生更大的接触压力，同时接触宽度更大，因此设计自紧结构更有利于密封。

然而，从仿真结果可知 4 种密封槽的密封性能相差并不大，密封槽的结构形式对槽内 O 形圈的应力分布和变形情况影响较小，槽内 O 形圈的最大接触应力和接触宽度相差范围分别为 4.88%～7.69%和 3%～6.54%，最大 Mises 应力和最大接触应力的相差范围分别为 16.62%～20.95%和 2.37%～5.90%，而且，加自紧斜凸台不利于装配，容易发生咬圈现象，综合考虑，固体火箭发动机更多采用矩形槽。因此，为简化仿真计算过程，下文选择在固体火箭发动机中应用最为广泛的矩形槽作为研究对象，分析不同介质压力和初始压缩率对橡胶圈应力分布和变形情况的影响。

(5)O 形橡胶圈密封结构的失效判据准则。为保证 SRM 在贮存条件下其密封结构工作可靠，首先必须找出 O 形圈的危险点，进而确定其失效模式和失效准则。图 4-10 为初始压缩率为 25%、介质压力为 0.3 MPa 时密封结构内橡胶圈接触及剪切应力的分布云图。结合有限元计算结果，可确定该结构的危险因素：①O 形圈与上、下法兰及右侧壁接触面附近出现最大接触应力，当其小于介质压力时，会导致燃气泄漏；②密封沟槽槽口转角处存在最大剪切应力，当其超过材料抗剪力时，会导致橡胶圈撕裂破坏。下面从最大接触压应力和沟槽槽口转角处的剪切应力两个方面，确定 SRM 密封结构的失效准则。

1)最大接触压应力准则。O 形圈在工作状态下与上、下法兰间的最大接触压应力小于介质内压 p 时，会造成燃气外泄，密封圈失效。所以，最大接触压应力是失效准则和失效判据的

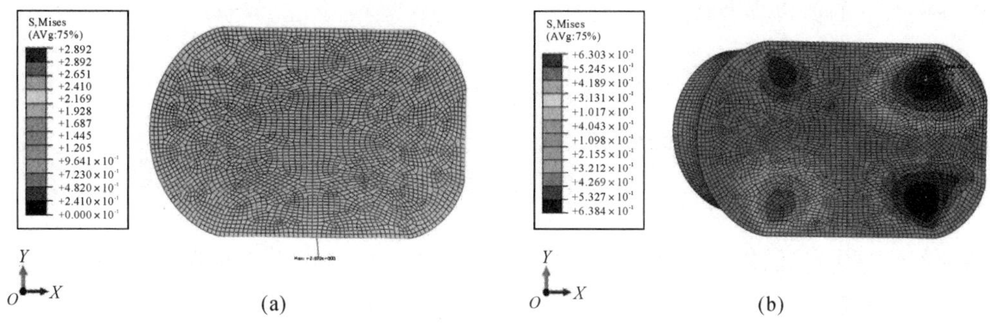

图 4-10　橡胶圈接触及剪切应力分布云图

(a)接触应力分布云图；(b)剪切应力分布云图

首要条件，即保证密封满足：

$$(\bar{\sigma})_{\max} \geqslant p \tag{4-34}$$

综合考虑预压缩应力和 SRM 的介质内压的影响，接触应力可表示为

$$(\bar{\sigma})_{\max} = \sigma_0 + kp \tag{4-35}$$

式中：k—— 介质压力对接触应力的传递系数，取决于泊松比 γ 。

σ_0 一般与橡胶材料、截面形状、压缩量和内压有关，对于 O 形圈，一般有

$$\sigma_0 = 1.25\left(1 + \frac{\mu^2 K_\varepsilon}{1-\varepsilon}\right)E\varepsilon_0 \tag{4-36}$$

式中：μ ——密封圈与法兰之间的摩擦系数；

γ ——泊松比；

K_ε ——O 形圈的接触宽度 b 与 O 形圈截面直径 d 之比。

当压缩量 $0.10 \leqslant \varepsilon \leqslant 0.40$ 时，压缩后的 O 形圈与法兰的接触宽度 b 可由以下经验公式给出，即

$$b = (4\varepsilon_0^2 + 0.34\varepsilon_0 + 0.31)d \tag{4-37}$$

则

$$K_\varepsilon = \frac{b}{d} = 4{\varepsilon_0}^2 + 0.34\varepsilon_0 + 0.31 \tag{4-38}$$

合并式(4-36)～式(4-38)和式(4-40)得密封判据条件为

$$1 + \frac{\mu^2(4{\varepsilon_0}^2 + 0.34\varepsilon_0 + 0.31)}{1-\varepsilon} \geqslant \frac{(1-k)p}{1.25E} \tag{4-39}$$

通过计算得到传递系数 $k \approx 0.96$。由计算结果可知橡胶圈的最大接触压力始终大于介质压力，满足最大接触压应力密封准则。

2)最大剪切应力准则。用有限元计算得到在密封槽槽口转角处剪切应力最大，且此应力为 MPa 数量级，如果该应力超过橡胶材料剪切强度，则橡胶圈在此位置被撕裂，甚至可能会被剪断，造成橡胶圈失效。实际 SRM 做静水压力实验时，在较高介质压力状况下密封槽槽口转角处产生一道很深的沟槽。所以，对剪切应力引起的密封失效也要着重考虑。

保证密封下的剪切应力满足

$$\sigma_{xy} < [\tau_b] \tag{4-40}$$

式中：σ_{xy} ——O形圈在工况下所受的最大剪应力；

τ_b ——橡胶材料的许用抗剪强度。

4.3.3 固体火箭发动机O形圈密封结构泄漏率仿真计算

由前面的分析可知，固体火箭发动机经过长期贮存后密封性能是否满足使用要求，关键是看橡胶圈经长期贮存自然老化，其性能劣化引起的泄漏率变化是否在允许范围之内。下面进行长期贮存条件下的泄漏率计算。

通过前面的计算获得了O形圈的接触应力和接触宽度，利用式(4-9)，在其中加入老化时间项，即可计算不同自然老化时间后的接触应力，再将经老化后的密封圈接触应力代入式(4-11)计算经不同老化时间后的密封结构泄漏率。

进行泄漏率计算时，取密封圈材料为硅橡胶，弹性模量 $E=5.22$ MPa，密封系数 $R_s=0.99$ MPa，O形圈几何尺寸为内径 $D=314$ mm，截面直径 $d=5.5$ mm。取老化模型的系数为 $B=1$，$\alpha=0.4$，老化速度常数 $K_c=0.0123$。

取初始压缩率为0.25，密封气体为氮气，介质压力为0.3 MPa进行计算。图4-11为1年贮存周期内O形圈密封结构泄漏率性随贮存(老化)时间的变化曲线。图4-12为30年贮存周期内O形圈密封结构泄漏率随贮存(老化)时间的变化曲线。

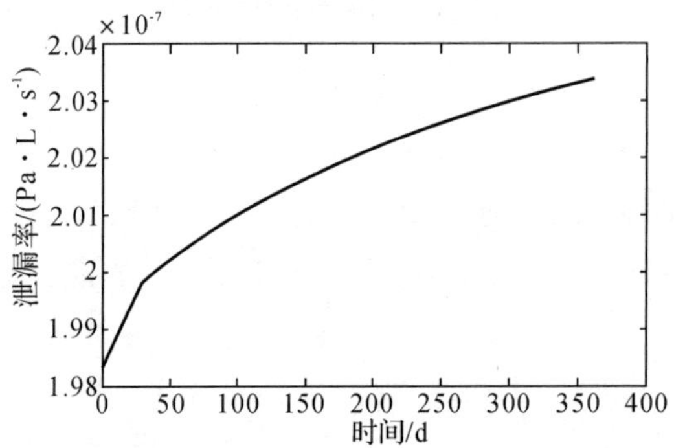

图4-11 1年贮存周期内O形圈密封结构泄漏率性随贮存(老化)时间的变化曲线

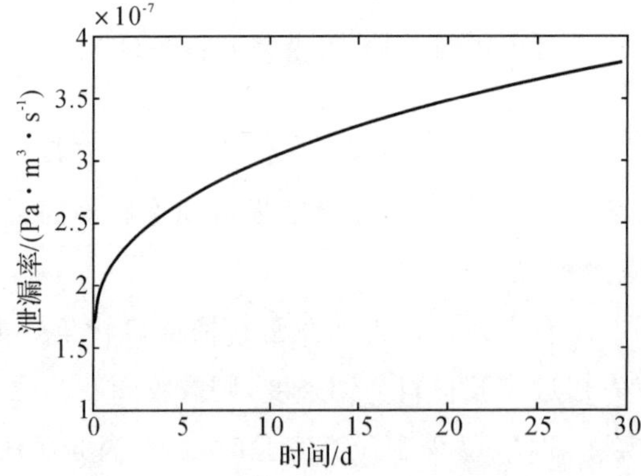

图4-12 30年贮存周期内O形圈密封结构泄漏率随贮存(老化)时间的变化曲线

从图 4－12 中可以看出，在 0.3 MPa 介质压力下，固体火箭发动机 O 形圈密封结构的泄漏率数值很小，约为 1.984×10^{-7} Pa · m^3/s，但它随着贮存（自然老化）时间的增长而不断增大，在贮存初期泄漏率随时间增长较快，但经过一段时间后增速逐渐变缓。在经历 30 年贮存（自然老化）时间后，泄漏率数值不超过 4.0×10^{-7} Pa · m^3/s，仍然很小。

图 4－13 为不同工作压力下（初始压缩率为 0.25 不变）O 形圈密封结构泄漏率随老化时间的变化曲线。从图中可以看出，不同工作压力下泄漏率随时间变化趋势基本相同，但工作压力越大，O 形圈的泄漏率数值越小，这正是由 O 形圈密封结构的自紧式密封特点决定的。

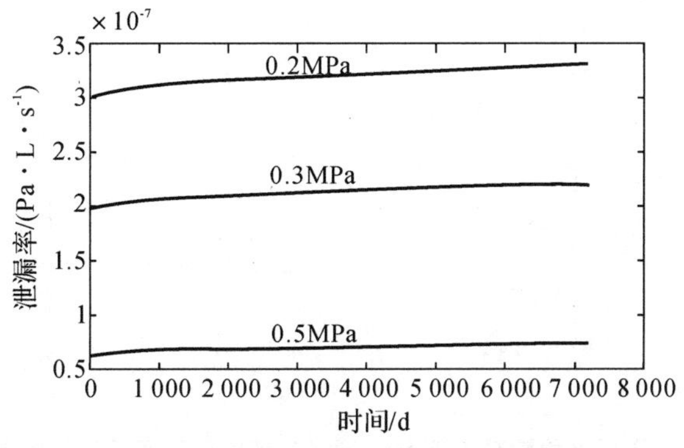

图 4－13　不同工作压力下 O 形圈密封结构泄漏率随老化时间的变化曲线

图 4－14 为不同初始压缩率下（工作压力为 0.3 MPa 不变）O 形圈密封结构泄漏率随老化时间的变化曲线。从图中可以看出，不同初始压缩率下泄漏率随时间变化趋势基本相同，但初始压缩率越大，O 形圈的泄漏率数值越小，而且泄漏率随老化时间增长增速变平缓。这仍然是由 O 形圈自紧式密封特点决定的。

图 4－15 为工作压力为 0.3 MPa 未经贮存的 O 形圈密封结构泄漏率随压缩率的变化趋势。从图中可以看出，随着初始压缩率的减小，泄漏率的增速逐渐变大，当压缩率小于 0.2 以后，泄漏率数值几乎呈指数增长。压缩率从 0.2 减小到 0.1，泄漏率数值从 10^{-7} 数量级增加到 10^{-5} 数量级。因此，为确保密封效果，建议初始压缩率取 0.2～0.3 为宜。

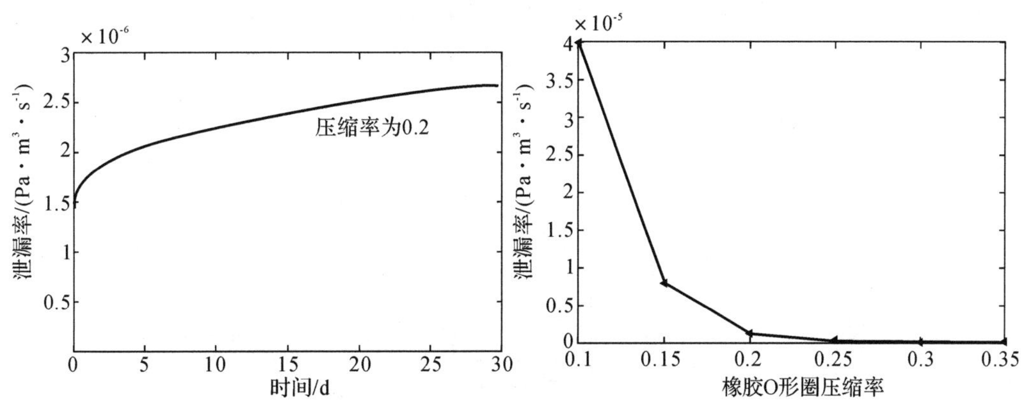

图 4－14　不同初始压缩率下 O 形圈密封结构泄漏率随时间的变化曲线

图 4－15　未经贮存的 O 形圈密封结构泄漏率随橡胶 O 形圈压缩率的变化趋势

图 4-16 为法兰表面粗糙度不同(初始压缩率为 0.25、工作压力为 0.3MPa 不变)时 O 形圈密封结构泄漏率随老化时间的变化曲线。从图中可以看出,不同表面粗糙度下 O 形圈密封结构泄漏率随时间变化趋势基本相同,但法兰表面粗糙度越大,泄漏率数值越大。这是因为粗糙度是密封结构泄漏的根源所在,粗糙度越大,橡胶圈与法兰之间越不平整,法兰表面凹陷区域未被橡胶填充的部分越多,导致泄漏通道越大,泄漏率也就越大。因此,对接法兰加工时控制密封表面的粗糙度,可有效降低 O 形圈密封结构的泄漏率。

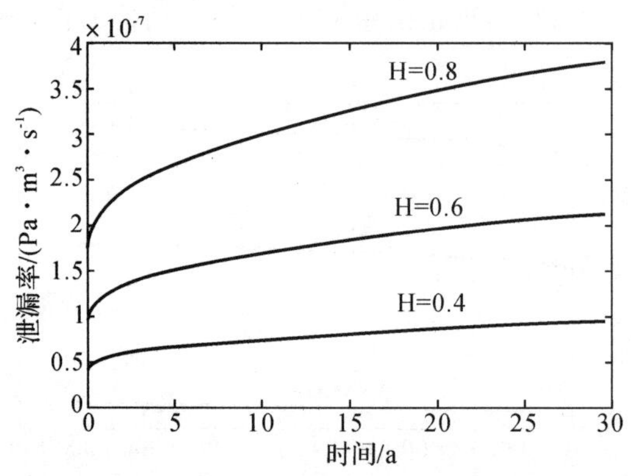

图 4-16 不同表面粗糙度下 O 形圈密封结构泄漏率随时间的变化曲线

4.4 长期贮存条件下 O 形圈密封结构泄漏率试验评估

为了评估 O 形圈密封结构泄漏率随橡胶圈老化时间的变化情况,本节设计了泄漏率测定试验。

4.4.1 试验总体方案

先对橡胶 O 形圈进行加速老化试验,然后将老化后的橡胶 O 形圈装入 O 形圈密封结构内进行泄漏率测定。

橡胶 O 形圈泄漏率测定试验系统的原理如图 4-17 所示,由密封法兰组合、氦气瓶、温度传感器、压力传感器、氦质谱检漏仪和阀门等组成。

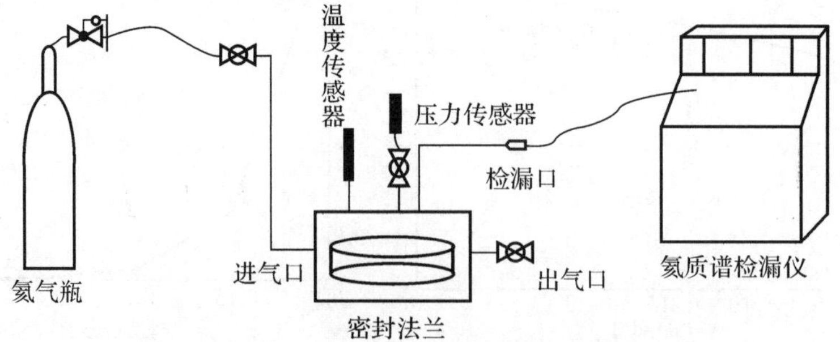

图 4-17 橡胶 O 形圈泄漏率测定试验系统

4.4.2　试验设备

试验设备主要包括加速老化试验箱、加速贮存专用夹具、泄漏率检测试验装置(含密封法兰)和氦质谱仪，图 4-18 为加速老化试验箱实物图。

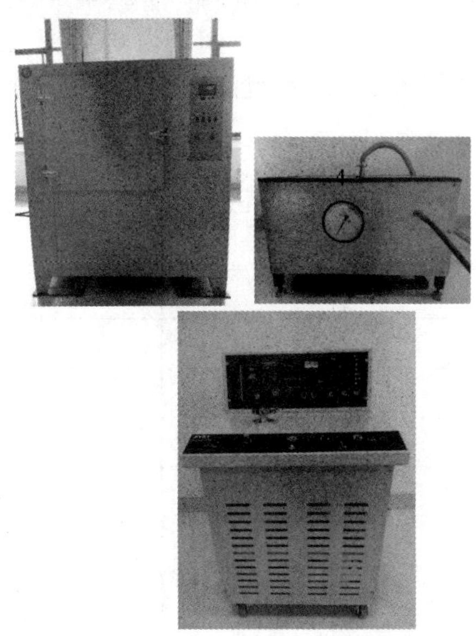

图 4-18　加速老化试验箱实物图

其中，密封法兰是泄漏检测的核心装置，由上、下圆盘和 8 个紧固螺栓组成，材料为不锈钢，结构原理图如图 4-19(a)所示，实物图如图 4-19(b)所示。

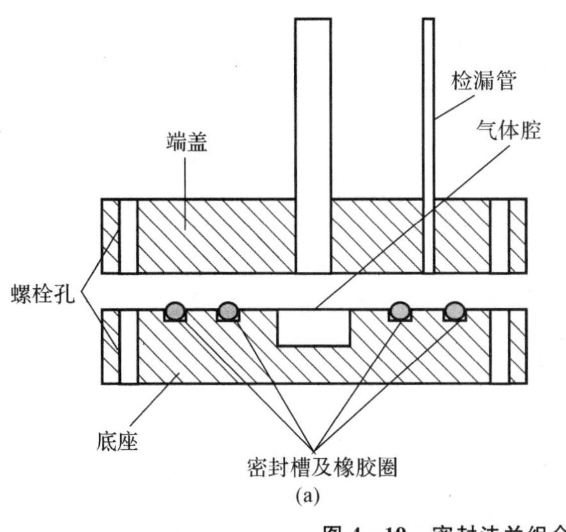

(a)

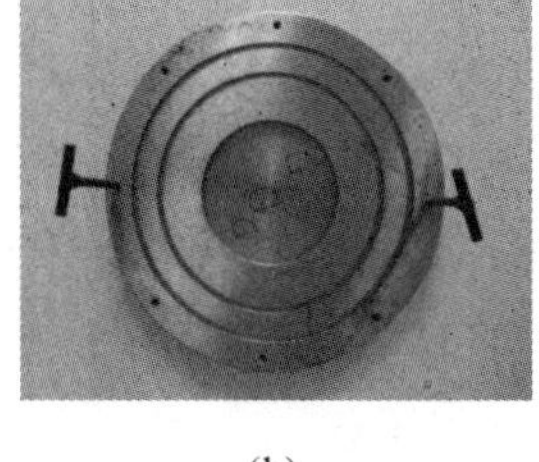

(b)

图 4-19　密封法兰组合

(a)结构原理图；(b)实物图

4.4.3　试件

试验用的试件为 G105 硅橡胶 O 形圈，尺寸为 314 mm×5.5 mm。

4.4.4 试验方法

1. 加速老化试验

(1)试件分组、编号。将被检 O 形圈按照不同初始压缩率和加速老化时间分组，其中，压缩率分为 0.15，0.2，0.25 和 0.3 共四组，老化时间分为 0 天、8 天、16 天和 28 天四组，分别对应自然贮存时间 0 年、6 年、12 年和 20 年，每组试验用 3 件 O 形密封圈，对所有橡胶圈进行编号(见表 4-6)。

表 4-6 橡胶圈编号

压缩率	时间/d	橡胶圈编号
0.15	0	a11，a12，a13
	8	a21，a22，a23
	16	a31，a32，a33
	28	a41，a42，a43
0.2	0	b11，b12，b13
	8	b21，b22，b23
	16	b31，b32，b33
	28	b41，b42，b43
0.25	0	c11，c12，c13
	8	c21，c22，c23
	16	c31，c32，c33
	28	c41，c42，c43
0.3	0	d11，d12，d13
	8	d21，d22，d23
	16	d31，d32，d33
	28	d41，d42，d43

(2)试件与夹具装配。对夹具进行编号(从 a1～a6 至 d1～d6)，将橡胶圈按对应的初始压缩率与加速贮存专用夹具进行装配。

(3)加速老化。试验分 3 批进行，每批 12 套，放入老化试验箱进行加速老化，老化箱温度均设置为 130℃。

2. 泄漏率测定

将经过加速老化的 O 形圈按对应的初始压缩率分别与密封法兰组合进行装配，用氦质谱仪对系统进行密封性检测，确保系统不漏气。

按试验压力要求从低到高分档为密封法兰组合供气，稳定 3 min 后，读取氦质谱仪显示的泄漏率数值。

然后更换密封圈重新检测。

4.4.5　试验结果分析

对每组 3 根密封圈的泄漏率求算术平均值，将 4 种压缩率下加速老化 28 天（对应自然贮存 20 年）的 O 形橡胶密封圈在 9 档工作压力下的泄漏率试验结果与仿真计算结果列于表 4－7。

表 4－7　不同压缩率下加速老化 28 天橡胶圈泄漏率数值

压缩率	压力/MPa	测定值/(Pa·m³/s)	计算值/(Pa·m³/s)	压缩率	压力/MPa	测定值/(Pa·m³/s)	计算值/(Pa·m³/s)
0.15	0.1	2.0×10^{-5}	7.5^{-6}	0.2	0.1	3.6×10^{-6}	1.4×10^{-6}
	0.2	3.0×10^{-5}	1.2^{-5}		0.2	5.8×10^{-6}	2.2×10^{-6}
	0.3	3.4×10^{-5}	1.5^{-5}		0.3	6.6×10^{-6}	2.5×10^{-6}
	0.4	3.6×10^{-5}	1.4^{-5}		0.4	6.8×10^{-6}	2.5
	0.5	3.4×10^{-5}	1.3^{-5}		0.5	6.4×10^{-6}	2.5×10^{-6}
	5	2.8×10^{-9}	1.0×10^{-9}		5	5.4×10^{-10}	2.0×10^{-10}
	6	2.0×10^{-9}	9.8×10^{-11}		6	0	1.8×10^{-11}
	7	0	8.5×10^{-13}		7	0	1.6×10^{-12}
	8	0	7.2×10^{-13}		8	0	1.3×10^{-13}
0.25	0.1	5.2×10^{-7}	2.0×10^{-7}	0.3	0.1	4.8×10^{-8}	1.8×10^{-8}
	0.2	8.0×10^{-7}	3.0×10^{-7}		0.2	7.4×10^{-8}	2.8×10^{-8}
	0.3	9.2×10^{-7}	3.6×10^{-7}		0.3	8.6×10^{-8}	3.2×10^{-8}
	0.4	9.4×10^{-7}	3.5×10^{-7}		0.4	8.8×10^{-8}	3.3×10^{-8}
	0.5	9.0×10^{-7}	3.4×10^{-7}		0.5	8.6×10^{-8}	3.2×10^{-8}
	5	7.6×10^{-11}	2.8×10^{-11}		5	0	2.7×10^{-12}
	6	0	2.5×10^{-12}		6	0	2.4×10^{-13}
	7	0	2.2×10^{-13}		7	0	2.1×10^{-14}
	8	0	1.9×10^{-14}		8	0	1.7×10^{-15}

从表 4－7 中可以看出，O 形圈泄漏率的试验测定结果与数值计算结果基本在同一数量级上。而试验测定结果整体上比仿真计算结果略大，其原因主要是密封法兰沟槽表面加工质量不高。

将不同初始压缩率下加速老化不同时间（0 天、8 天、16 天、28 天相当于自然贮存 0 年、6 年、12 年和 20 年）的 O 形圈在工作压力为 0.3 MPa 下的泄漏率试验检测结果绘制于图 4－20。

从图 4－20 中可以看出，介质压力不变的情况下，初始压缩率增大，泄漏率会随之减小。当介质压力和初始压缩率一定时，随着加速老化时间的增长，O 形圈的泄漏率不断增大。在初始阶段（0～8 天加速老化时间内）泄漏率增速较快，之后逐渐变缓，这与仿真计算得出的规律相同。

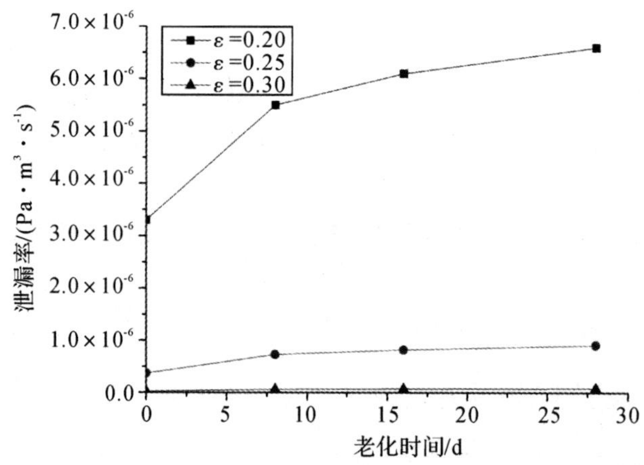

图 4-20 不同初始压缩率下泄漏率随加速老化时间变化趋势

将经历不同加速老化时间的橡胶圈在不同初始压缩率下（工作压力保持 0.3 MPa 不变）的泄漏率试验测定结果绘制于图 4-21。

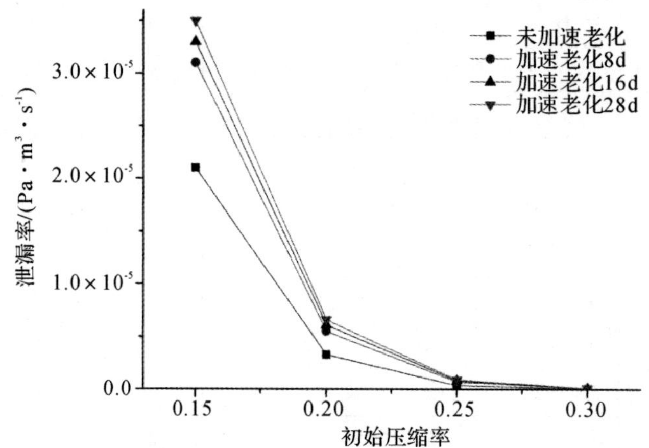

图 4-21 不同加速老化时间下泄漏率随初始压缩率的变化趋势

从图 4-21 同样可以看出，随着初始压缩率的增大 O 形圈的泄漏率下降明显，压缩率每增加 5%，泄漏率下降一个数量级，这也与数值仿真得出的规律相同。

将初始压缩率 0.25 加速老化 28 天（相当于自然贮存 20 年）的 O 形圈在不同工作介质压力下的泄漏率试验结果绘制于图 4-22。

从图 4-22 中可以看出，在 0.1～8 MPa 的介质压力范围内，当介质压力增大时，橡胶圈的泄漏率先增大后减小，峰值出现在 0.4 MPa 附近。其原因是一方面压力增大可促进气体分子从泄漏通道向外扩散，将其称之为“驱动力影响”；另一方面随着压力的增大密封面上会产生更大的接触应力提高密封性能，抑制气体泄漏，将其称之为“自锁性影响”。当介质压力较小时，“驱动力影响”占主导，橡胶圈的泄漏率随介质压力的增大而增大；当介质压力超过一定值继续增大时，“自锁性影响”变成主导，橡胶圈的泄漏率逐渐减小。

从试验数据中可以看出，经过长期贮存后橡胶圈在高压状态下泄漏率很小，甚至小于氦质谱检漏仪的最小可检漏率。固体火箭发动机在稳态工作时即处于高压状态（3 MPa 以上），排

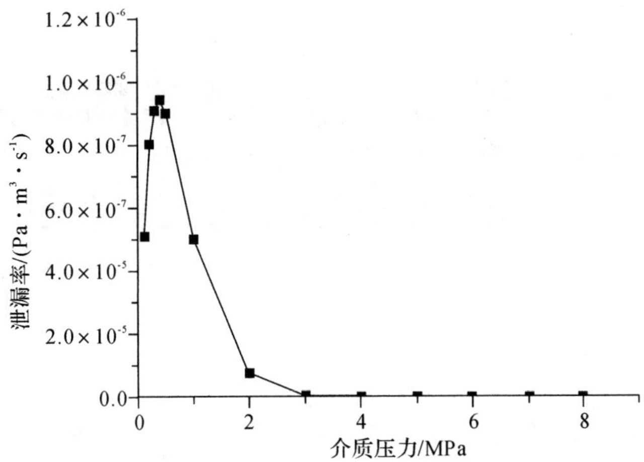

图 4－22　橡胶圈的泄漏率随工作介质压力的变化趋势

除非自然因素的影响和其他组件的性能劣化，只要在低压下气密性检查合格，O 形圈的自锁密封特性可以保证其在点火工作时具有良好的密封性能。

同时，泄漏率峰值出现在 0.4 MPa 附近也说明，固体火箭发动机的气密性检查压力取 0.4 MPa 左右发动机泄漏率最大，在此压力下气密性检查合格，可确保其他压力下密封可靠。

由以上对试验结果的分析可以得出下述结论：

O 形圈密封结构泄漏率试验测定结果与数值仿真计算结果在数值上基本相当，所得泄漏率变化规律相同，因此，前述 O 形圈密封结构性能仿真评估方法正确，该方法可以用来对固体火箭发动机 O 形圈密封结构进行密封性能评估。

第 5 章　长期贮存条件下固体火箭发动机密封性能评估

5.1　固体火箭发动机总漏率串并联模型

固体火箭发动机的整体密封性能是各个密封结构性能的综合体现。由上述分析可知，大多数的密封结构都不是绝对密封的，而是有一定的泄漏率，并对设备的总体泄漏有一定影响。结构的总泄漏率是各个密封结构泄漏率的综合结果，欲评估固体火箭发动机的整体密封性能，需要首先获得每个局部O形圈密封结构的泄漏率，然后根据各个局部密封结构的泄漏率计算发动机的总泄漏率。要评估固体火箭发动机整体密封性能随贮存时间的变化情况，在计算O形圈密封结构泄漏率时按第4章的方法，在泄漏率计算模型中引入老化因子即可。下面以两种发动机为算例予以说明。

5.1.1　算例发动机结构

1. 算例1发动机结构

算例1固体火箭发动机S-motor1由燃烧室、安全点火装置、后盖和喷管等组成，如图5-1所示。燃烧室为一个完整的焊接结构，内部浇注固体推进剂药柱，其前接头与安全点火装置连接，后接头与后盖连接，连接部位均采用O形圈密封结构。为增强密封效果，后接头与后盖之间采用两道密封圈。

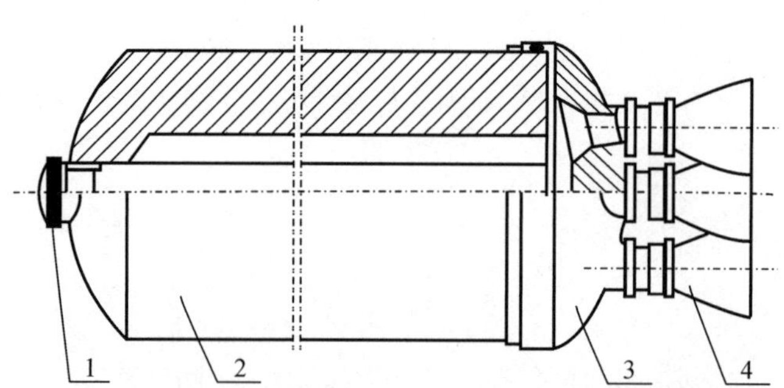

图 5-1　固体火箭发动机 S-motor1 密封结构示意图

1—安全点火装置；2—燃烧室；3—后盖；4—喷管

安全点火装置由点火发动机、安全机构和点火器组成。点火发动机的前顶盖安装在固体发动机燃烧室的前接头上，点火发动机本体伸入固体火箭发动机燃烧室内。在点火发动机前顶盖中心安装安全机构，在安全机构上安装两个点火器。点火发动机前顶盖与安全机构之间、安全机构与点火器之间均采用O形圈密封。在平时贮存过程中，安全机构处于安全状态，即安全机构内的密封活塞将点火器与点火发动机之间的点火通道堵塞。

S-motor1有4个摆动喷管。后接头上焊接有4个喷管座，每个喷管座上安装一个喷管，喷管与喷管座之间采用O形圈密封。喷管为摆动喷管，由固定体与活动体两部分组成，两部分之间由两道橡胶密封圈密封。为避免固体火箭发动机在贮存过程中湿空气和灰尘进入燃烧室，保护固体推进剂药柱不受影响，在每个喷管座内黏贴一个橡胶密封套，并在喷管活动体喉部黏贴一块堵盖。

2.算例2发动机结构

算例2固体火箭发动机S-motor2由燃烧室、安全点火装置和喷管三部分组成，如图5-2所示。燃烧室同样为一个完整的焊接结构，内部浇注固体推进剂药柱，其前接头与安全点火装置连接，后接头直接与喷管相连，连接部位采用O形圈密封结构。

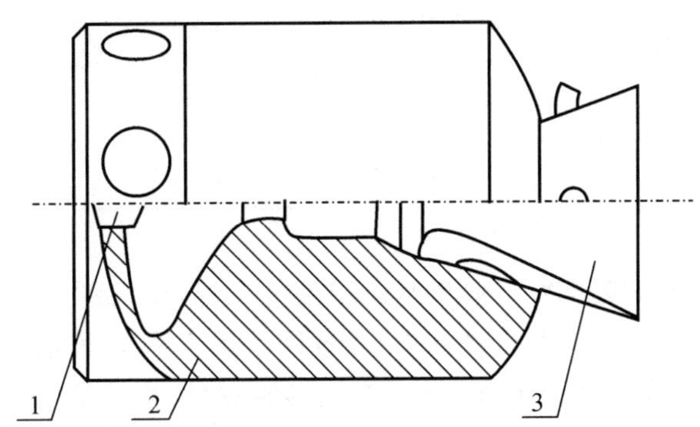

图5-2　固体火箭发动机S-motor2密封结构示意图

1—安全点火装置；2—燃烧室；3—喷管

S-motor2安全点火装置结构与S-motor1安全点火装置相同。

S-motor2为单个摆动喷管，由固定体和活动体两部分组成。固定体与燃烧室后接头相连，固定体与活动体之间有两道橡胶密封圈。为避免湿空气和灰尘进入燃烧室，在喷管固定体内黏贴橡胶密封套，并在喷管活动体喉部黏贴堵盖。

5.1.2　算例发动机总漏率串并联模型

对于固体火箭发动机S-motor1，对其总漏率有影响的部位主要有点火器与保险机构之间、保险机构与点火发动机顶盖之间、顶盖与固体火箭发动机前接头之间、固体火箭发动机后接头与后盖之间、喷管固定体与喷管座之间、喷管固定体与活动体之间、喷管喉部堵盖的黏结界面等，这些密封部位的密封与泄漏相互独立，可以认为是多级并联密封结构。其他密封部位如后盖与后接头之间、喷管固定体与活动体之间均采用了两道密封圈，只有部分通过第一道密封圈泄漏的介质能通过第二道密封圈密封，可以认为是两级串联密封结构。

此外，在 S-motor1 的各个摆动喷管的喷管座入口处都安装有密封套，可以认为密封套与此后的密封面形成串联结构；保险机构处于安全状态时，点火通道被密封活塞组件堵塞，也可以认为点火器与保险机构间的密封与密封活塞组件的密封形成串联密封结构。

从以上分析可以看出，固体火箭发动机 S-motor1 的总泄漏率是由具有一定泄漏率的多个密封结构通过串、并联关系组合到一起形成的综合作用下的泄漏率，下面以此为基础建立固体火箭发动机 S-motor1 密封结构的总漏率串并联模型。

固体火箭发动机密封结构泄漏通道可以看成是一个气路系统，与电路系统相似，气路系统由气压源、气阻、气容等元件构成。气路模型的元件和约束见表 5-1。

表 5-1　气路模型的元件与约束

类别	气路模型
组成元件	气压源、流阻、气容
模型参数及单位	气量 G(Pa·m^3)、气压源 p(Pa)、流阻 R(s/m^3)、泄漏率 Q(Pa·m^3/s)、气容 V(m^3)
元件约束	流阻 P/Q 的特性存在线性和非线性关系，气容的 G/P 特性为线性关系，气压(气流)源输出气压(气流)守恒
拓扑约束	支路气压守恒定律，节点气流守恒定律

表 5-1 中，气压源(气流源)，类似于电路中的电压源(电流源)，其元件两端的输出气压(气流)恒定。气容代表具有容纳气体的能力，参数属性用容积 V 表示，单位 m^3。根据理想气体的状态方程，在温度不变的条件下，$V=G/P$，气容的 G/P 特性是线性关系。流阻代表具有阻碍气体流通的能力，用 R 表示，$R=P/Q$，单位 s/m^3，Q 代表泄漏率，流阻元件一般为管道或漏孔等。由此可得，式(4-11)中，O 形圈泄漏流阻为

$$R=\frac{1}{4\sqrt{\frac{T}{M}}\frac{Lh^2}{b}\exp\left(\frac{-3\sigma_m B\exp(-K_c t^\alpha)}{R_s}\right)} \tag{5-1}$$

与电阻相似，流阻串联后的总流阻等于各段流阻之和，流阻并联后的总流阻倒数等于各分支流阻倒数之和。若两个 O 形圈密封结构 1 和 2 的泄漏流阻分别为 R_1 和 R_2，则通过串联组成的密封结构网络的泄漏流阻为

$$R_{串}=\frac{1}{\frac{1}{R_1}+\frac{1}{R_2}} \tag{5-2}$$

通过并联组成的密封结构网络的泄漏流阻为

$$R_{并}=R_1+R_2 \tag{5-3}$$

由此，我们可以仿照串并联电路总电阻的计算方法，来计算发动机泄漏通道的总流阻。

根据前面对发动机 S-motor1 密封结构串并联关系的分析，可建立发动机 S-motor1 总流

阻串并联模型，如图 5－3 所示。

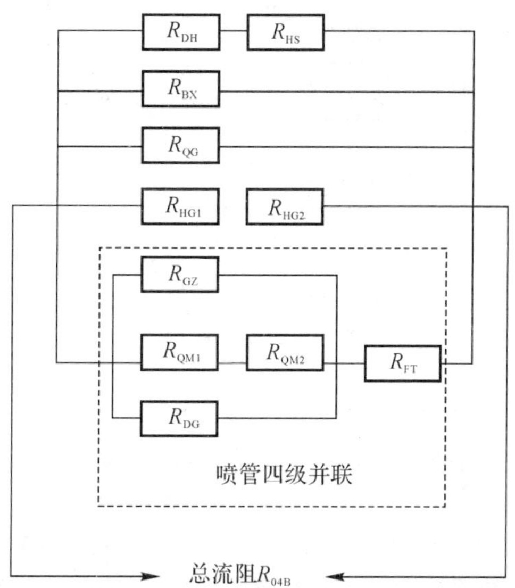

图 5－3　固体火箭发动机 S-motor1 总流阻串并联计算模型

R_{04B}—发动机 S-motor1 总流阻；R_{DH}—点火器与安全机构之间的流阻；R_{HS}—安全机构密封活塞组件的流阻；R_{BX}—安全机构与点火发动机顶盖之间的流阻；R_{QG}—顶盖与固体火箭发动机前接头之间的流阻；R_{HG1}—后盖与固体火箭发动机后接头之间第一道密封圈的流阻；R_{HG2}—后盖与固体发动机后接头之间第二道密封圈的流阻；R_{GZ}—喷管座与喷管固定体之间的流阻；R_{QM1}—喷管固定体与活动体之间第一道密封圈的流阻；R_{QM2}—喷管固定体与活动体之间第二道密封圈的流阻；R_{HC}—喷管喉衬体与绝热环之间的流阻；R_{DG}—喷管堵盖的流阻；R_{FT}—喷管密封套的流阻

由此，可列出发动机 S-motor1 总流阻的串并联公式为

$$R_{SM1}=\frac{1}{\left(\frac{1}{R_{DH}+R_{HS}}+\frac{1}{R_{BX}}+\frac{1}{R_{QG}}+\frac{1}{R_{HG1}+R_{HG2}}+\frac{1}{R_{并联四喷管}}\right)} \tag{5-4}$$

式中：

$$R_{并联四喷管}=\frac{1}{4}\left(\frac{1}{\frac{1}{R_{GZ}}+\frac{1}{R_{QM1}+R_{QM2}}+\frac{1}{R_{DG}}}+R_{FT}\right) \tag{5-5}$$

式中：不同密封部位的流阻 $R=\Delta P/Q$，其中 ΔP 为密封结构两端压力差，Q 为单个密封结构的泄漏率。

用同样方法可以得到固体火箭发动机 S-motor2 总流阻串、并联模型，如图 5－4 所示。

同样，可列出发动机 S-motor2 总流阻的串并联公式，即

$$R_{SM2}=\frac{1}{\left(\frac{1}{R_{DH}+R_{HS}}+\frac{1}{R_{BX}}+\frac{1}{R_{QG}}+\frac{1}{R_{GD}}+\frac{1}{R_{单级喷管}}\right)} \tag{5-6}$$

式中：

$$R_{单级喷管}=\frac{1}{\frac{1}{R_{QM1}+R_{QM2}}+\frac{1}{R_{DG}}}+R_{FT} \tag{5-7}$$

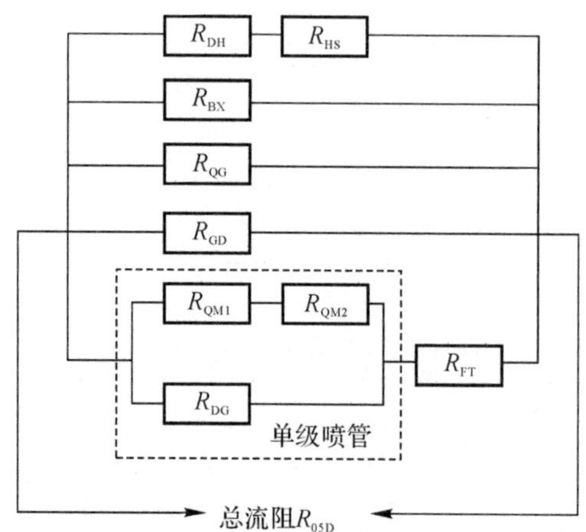

图 5-4 固体火箭发动机 S-motor2 总流阻串并联计算模型

R_{05D}—发动机 S-motor2 总流阻；R_{DH}—点火器与安全机构之间的流阻；R_{HS}—安全机构密封活塞组件的流阻；R_{BX}—安全机构与点火发动机顶盖之间的流阻；R_{QG}—顶盖与固体发动机前接头之间的流阻；R_{GD}—喷管固定体与燃烧室后接头之间的流阻；R_{QM1}—喷管固定体与活动体之间第一道密封圈的流阻；R_{QM2}—喷管固定体与活动体之间第二道密封圈的流阻；R_{DG}—喷管堵盖的流阻；R_{FT}—喷管密封套的流阻。

发动机的总漏率计算方法为：①按第 4 章的方法分别计算发动机各 O 形圈密封结构的泄漏率；②按 $R=\Delta P/Q$ 计算各 O 形圈密封结构的泄漏流阻；③按式(5-4)和式(5-6)计算发动机总泄漏流阻；④按 $Q_Z=\Delta P/R_Z$ 计算发动机的总泄漏率。

5.2 固体火箭发动机总漏率计算

5.2.1 算例发动机橡胶密封圈

假设固体火箭发动机 S-motor1 和 S-motor2 密封件的规格和数量分别见表 5-2 和表 5-3。其中 MF1-01，MF1-02B，MF1-03，MF1-05B，MF1-06，MF2-01，MF2-02，MF2-03A，MF2-03B，MF2-06 为氟橡胶材料 F108，MF1-02A，MF1-05A，MF1-04，MF2-04 为硅橡胶材料 G105，除 MF1-02B，MF1-05B，MF2-03B 为 X 形截面密封圈外，其余均为 O 形截面密封圈。

表 5-2 固体火箭发动机 S-motor1 所用密封件

序 号	代 号	规 格	安装位置	数 量
1	MF1-01	φ165.5×4.5	点火发动机顶盖与固体火箭发动机前接头间	1
2	MF1-02A	φ1 100×5.5	后盖与固体火箭发动机后接头间第一道密封	1
3	MF1-02B	1 094×4×4	后盖与固体火箭发动机后接头间第二道密封	1
4	MF1-03	φ258×4	后盖喷管座与喷管固定体间	4
5	MF1-05A	φ245×5	喷管固定体与活动体之间第一道密封	4

续 表

序　号	代　号	规　格	安装位置	数　量
6	MF1 - 05B	245.5×5×5	喷管固定体与活动体之间第二道密封	4
7	MF1 - 04	φ59×3	安全机构与点火发动机顶盖间	1
8	MF1 - 06	φ18×1.8	点火器与安全机构间	2

表 5 - 3　固体火箭发动机 S-motor2 所用密封件

序　号	代　号	规　格	安装位置	数　量
1	MF2 - 01	φ210×4	点火发动机顶盖与燃烧室前接头间	1
2	MF2 - 02	φ575×6	喷管固定体与燃烧室后接头间	1
3	MF2 - 03A	φ307×5	喷管固定体与活动体之间第一道密封	1
4	MF2 - 03B	315×6.5×6.5	喷管固定体与活动体之间第二道密封	1
5	MF2 - 04	φ59×3	安全机构与点火发动机顶盖间	1
6	MF2 - 06	φ18×1.8	点火器与保险机构间	2

5.2.2　算例发动机总漏率计算

假定两算例发动机进行压降法气密性检查时的压力为 0.3 MPa，工作时的最大压力为 6.4 MPa，下面根据发动机总漏率串并联模型计算经过不同贮存时间后，在这两种工作压力下的泄漏率。

1. 固体火箭发动机 S-motor1 的总泄漏率

为减小计算量，在固体火箭发动机总泄漏率计算时进行了一定简化：由于固体火箭发动机 S-motor1 后盖与固体发动机后接头间采用了两道密封圈，前一道为 O 形密封圈，后一道为 X 形密封圈，显然两道密封圈较一道密封圈泄漏率小，按照最坏情况(X 形密封圈完全失效)，只计算 O 形圈的泄漏率。喷管固定体与活动体之间也采用类似的处理方法。此外，6.4 MPa 工作压力下为发动机点火工作工况，此时喷管可能需要进行摆动，其泄漏率与静止情况下不同，但是，考虑到固定体与活动体之间采用两道密封圈，而且除密封圈外还涂抹不硫化密封腻子，使密封性能得到加强，为简化起见，仍然按照静止状态计算。另外，点火器与保险机构之间的密封圈尺寸很小，因此泄漏率比其他部位小得多，而且，在安全状态下，点火通道被密封活塞堵塞，其泄漏率对发动机的总泄漏率影响可以忽略。因此，实际只计算 MF1 - 01，MF1 - 02A，MF1 - 03 和 MF1 - 04 四个 O 形圈密封结构的泄漏率。

按照前面章节研究的方法计算长期贮存条件下影响固体火箭发动机 O 形橡胶密封圈在 0.3 MPa 气密性检查工况下的接触应力与泄漏率，结果见表 5 - 4。

表 5 - 4　0.3 MPa 下发动机 S-motor1 部分 O 形圈密封结构接触应力和泄漏率

代　号	结　果	0 年	5 年	10 年	15 年	20 年	25 年	30 年
MF1 - 01	接触应力	4.205 8	3.882 0	3.823 6	3.785 0	3.755 3	3.731 0	3.710 2
	泄漏率 $Q1$	$2.015\,5\times10^{-9}$	$5.377\,0\times10^{-9}$	$6.418\,0\times10^{-9}$	$7.215\,9\times10^{-9}$	$7.894\,1\times10^{-9}$	$8.498\,1\times10^{-9}$	$9.050\,6\times10^{-9}$

续 表

代 号	结 果	0 年	5 年	10 年	15 年	20 年	25 年	30 年
MF1-02A	接触应力	3.627 3	3.348 1	3.297 7	3.264 4	3.238 8	3.217 8	3.199 9
	泄漏率 $Q2$	$6.876\ 6\times10^{-8}$	$1.602\ 9\times10^{-7}$	$1.867\ 3\times10^{-7}$	$2.065\ 8\times10^{-7}$	$2.232\ 2\times10^{-7}$	$2.378\ 8\times10^{-7}$	$2.511\ 6\times10^{-7}$
MF1-03	接触应力	4.004 2	3.695 9	3.640 3	3.603 5	3.575 3	3.552 1	3.532 3
	泄漏率 $Q3$	$6.666\ 9\times10^{-9}$	$1.696\ 8\times10^{-8}$	$2.008\ 3\times10^{-8}$	$2.245\ 3\times10^{-8}$	$2.445\ 7\times10^{-8}$	$2.623\ 6\times10^{-8}$	$2.785\ 7\times10^{-8}$
MF1-04	接触应力	3.451 2	3.185 5	3.137 6	3.105 9	3.081 5	3.061 6	3.044 5
	泄漏率 $Q4$	$1.249\ 6\times10^{-8}$	$2.795\ 4\times10^{-8}$	$3.232\ 4\times10^{-8}$	$3.558\ 6\times10^{-8}$	$3.830\ 8\times10^{-8}$	$4.069\ 7\times10^{-8}$	$4.285\ 6\times10^{-8}$

注:表中接触应力单位为 MPa,泄漏率 Q 单位为 $Pa\cdot m^3/s$。

从表 5-4 中可以看出,在 0.3 MPa 气密性检查压力下,发动机 S-motor1 各密封圈接触应力在 3 MPa 以上,泄漏率在 10^{-8} 数量级以下,随着贮存时间的增长,接触应力逐渐下降,泄漏率逐渐增大,但经过 30 年贮存期,其接触应力仍在 3 MPa 以上,是工作压力的 10 倍,而泄漏率均在 10^{-7} 数量级以下,非常小。

按照上述发动机总泄漏率计算方法,计算得到 S-motor1 在 0.3 MPa 工况下的总泄漏率随贮存时间的变化规律,结果见表 5-5。

表 5-5 发动机 S-motor1 总泄漏率随贮存时间变化

发动机	压 力	结 果	0 年	5 年	10 年	15 年	20 年	25 年	30 年
S-motor1	0.3	Q_{04B}	$1.099\ 4\times10^{-7}$	$2.614\ 9\times10^{-7}$	$3.057\ 9\times10^{-7}$	$3.391\ 9\times10^{-7}$	$3.672\ 5\times10^{-7}$	$3.920\ 1\times10^{-7}$	$4.144\ 9\times10^{-7}$

注:表中压力单位为 MPa,泄漏率 Q 单位为 $Pa\cdot m^3/s$。

将 0.3 MPa 下发动机总泄漏率随贮存时间的变化绘制成曲线,如图 5-5 所示。

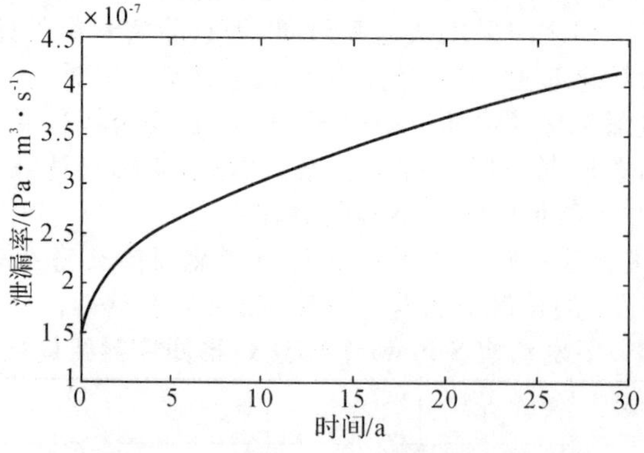

图 5-5 0.3 MPa 检查压力下发动机S-motor1 整体泄漏率随贮存时间变化曲线

从表 5-5 和图 5-5 中可以看出,在 0.3 MPa 的气密性检查压力下,固体火箭发动机

S-motor1 的总泄漏率在 10^{-7} 数量级，随贮存时间的增长泄漏率增大，初期增长较快，后期增长放缓，而贮存 30 年后其总泄漏率仍在 10^{-7} 数量级以下。

从这些数值也可以看出，在正常贮存情况下，固体火箭发动机的泄漏率很小，压降法和皂泡法均无法检测其泄漏，也就是说压降法和皂泡法气密性检查均合格。而当固体火箭发动机密封失效，泄漏率异常增大时，才能使压降法和皂泡法检测结果不合规。因此，压降法和皂泡法适用于正常情况下固体火箭发动机气密性检查。

同时还可以看出，在正常贮存情况下，固体火箭发动机 O 形圈因老化引起的泄漏率变化很小，30 年贮存期不会导致发动机密封失效。而如果要定量研究老化引起的发动机泄漏率变化，则必须使用氦质谱法进行检测。

发动机 S-motor1 经长期贮存后，计算其在工作压力(6.4 MPa)时各 O 形圈密封结构的接触应力和泄漏率，结果见表 5-6，经过长期贮存后 S-motor1 在工作状态下的总泄漏率见表 5-7。

表 5-6　6.4 MPa 下 O 形圈密封结构接触应力和泄漏率

代　号	结　果	0 年	5 年	10 年	15 年	20 年	25 年	30 年
MF1-01	接触应力	10.066 0	9.291 5	9.151 7	9.059 2	8.988 2	8.930 0	8.880 3
	泄漏率 $Q1$	8.3252×10^{-16}	8.7174×10^{-15}	1.3315×10^{-14}	1.7625×10^{-14}	2.1853×10^{-14}	2.6071×10^{-14}	3.0314×10^{-14}
MF1-02A	接触应力	9.488 1	8.757 6	8.625 9	8.538 6	8.471 8	8.416 9	8.370 0
	泄漏率 $Q2$	2.8404×10^{-14}	2.5987×10^{-13}	3.8739×10^{-13}	5.0461×10^{-13}	6.1797×10^{-13}	7.2980×10^{-13}	8.4124×10^{-13}
MF1-03	接触应力	9.864 9	9.105 4	8.968 4	8.877 7	8.808 2	8.751 1	8.702 4
	泄漏率 $Q3$	2.7537×10^{-15}	2.7510×10^{-14}	4.1664×10^{-14}	5.4843×10^{-14}	6.7706×10^{-14}	8.0489×10^{-14}	9.3305×10^{-14}
MF1-04	接触应力	9.312 0	8.595 0	8.465 7	8.380 1	8.314 5	8.260 6	8.214 6
	泄漏率 $Q4$	5.1614×10^{-15}	4.5320×10^{-14}	6.7061×10^{-14}	8.6924×10^{-14}	1.0605×10^{-13}	1.2485×10^{-13}	1.4354×10^{-13}

注：表中接触应力单位为 MPa，泄漏率 Q 单位为 $Pa\cdot m^3/s$。

表 5-7　6.4 MPa 下发动机 S-motor1 总泄漏率

发动机	压　力	结　果	0 年	5 年	10 年	15 年	20 年	25 年	30 年
S-motor1	6.4	Q_{04B}	4.5413×10^{-14}	4.2395×10^{-13}	6.3443×10^{-13}	8.2854×10^{-13}	1.0167×10^{-12}	1.2026×10^{-12}	1.3883×10^{-12}

注：表中压力单位为 MPa，泄漏率 Q 单位为 $Pa\cdot m^3/s$。

从表 5-6 和表 5-7 中可以看出，在最大工作压力 6.4 MPa 下，发动机 S-motor1 各密封圈接触应力均大于 9 MPa，泄漏率小于 10^{-14} 数量级，随着贮存时间的增长，接触应力逐渐下降，泄漏率逐渐增大，经过 30 年贮存期，各 O 形圈密封结构接触应力在 8 MPa 以上，远大于工作压力，而泄漏率均在 10^{-13} 数量级以下，而发动机的总泄漏率在 10^{-12} 数量级以下，非常小。即在正常贮存情况下，因密封圈老化引起发动机工作情况下的泄漏率变化很小，30 年贮存期不会导致发动机密封失效。

2. 固体火箭发动机 S-motor2 的总泄漏率

计算时同样进行了简化，喷管固定体与活动体之间、点火器与安全机构之间密封结构的处理方法参照发动机 S-motor1。

计算发动机 S-motor2 经长期贮存后各 O 形圈密封结构在 0.3 MPa，6.4 MPa 工况下的接触应力和泄漏率，以及发动机的总漏率，结果见表 5-8 和表 5-9。

表 5-8　发动机 S-motor2 O 形圈密封结构的接触应力和泄漏率

代号	压力	结果	0 年	5 年	10 年	15 年	20 年	25 年	30 年
MF2-01	0.3	接触应力	2.674 5	2.468 6	2.431 4	2.406 9	2.388 0	2.372 5	2.359 3
		泄漏率 $Q1$	4.0778×10^{-7}	7.6105×10^{-7}	8.5171×10^{-7}	9.1759×10^{-7}	9.7153×10^{-7}	1.0182×10^{-6}	1.0598×10^{-6}
	6.4	接触应力	8.535 2	7.878 1	7.759 6	7.681 1	7.620 9	7.571 6	7.529 4
		泄漏率 $Q'1$	1.6843×10^{-13}	1.2338×10^{-12}	1.7670×10^{-12}	2.2413×10^{-12}	2.6895×10^{-12}	3.1236×10^{-12}	3.5496×10^{-12}
MF2-02	0.3	接触应力	2.537 2	2.341 8	2.306 6	2.283 3	2.265 4	2.250 7	2.238 2
		泄漏率 $Q2$	1.1604×10^{-6}	2.0974×10^{-6}	2.3337×10^{-6}	2.5047×10^{-6}	2.6441×10^{-6}	2.7644×10^{-6}	2.8715×10^{-6}
	6.4	接触应力	8.397 9	7.751 3	7.634 7	7.557 5	7.498 3	7.449 7	7.408 2
		泄漏率 $Q'2$	4.7931×10^{-13}	3.4004×10^{-12}	4.8417×10^{-12}	6.1180×10^{-12}	7.3199×10^{-12}	8.4809×10^{-12}	9.6176×10^{-12}
MF2-03A	0.3	接触应力	3.121 0	2.880 7	2.837 3	2.808 7	2.786 7	2.768 6	2.753 2
		泄漏率 $Q3$	9.4722×10^{-8}	1.9619×10^{-7}	2.2372×10^{-7}	2.4405×10^{-7}	2.6087×10^{-7}	2.7554×10^{-7}	2.8873×10^{-7}
	6.4	接触应力	8.981 7	8.290 2	8.165 5	8.082 9	8.019 6	7.967 6	7.923 2
		泄漏率 $Q'3$	3.9125×10^{-14}	3.1807×10^{-13}	4.6415×10^{-13}	5.9612×10^{-13}	7.2218×10^{-13}	8.4534×10^{-13}	9.6705×10^{-13}
MF2-04	0.3	接触应力	3.451 2	3.185 5	3.137 6	3.105 9	3.081 5	3.061 6	3.044 5
		泄漏率 $Q4$	1.2496×10^{-8}	2.7954×10^{-8}	3.2324×10^{-8}	3.5586×10^{-8}	3.8308×10^{-8}	4.0697×10^{-8}	4.2856×10^{-8}
	6.4	接触应力	9.312 0	8.595 0	8.465 7	8.380 1	8.314 5	8.260 6	8.214 6
		泄漏率 $Q'4$	5.1614×10^{-15}	4.5320×10^{-14}	6.7061×10^{-14}	8.6924×10^{-14}	1.0605×10^{-13}	1.2485×10^{-13}	1.4354×10^{-13}

注：表中接触应力及压力单位为 MPa，泄漏率 Q 单位为 $Pa\cdot m^3/s$。

表 5-9 发动机 S-motor2 的总泄漏率

发动机	压力	结果	0 年	5 年	10 年	15 年	20 年	25 年	30 年
S-motor2	0.3	Q_{05D}	1.7576×10^{-6}	3.2508×10^{-6}	3.6328×10^{-6}	3.9103×10^{-6}	4.1374×10^{-6}	4.3336×10^{-6}	4.5086×10^{-6}
	6.4	Q_{05D}	7.2600×10^{-13}	5.2704×10^{-12}	7.5370×10^{-12}	9.5516×10^{-12}	1.1453×10^{-11}	1.3295×10^{-11}	1.5101×10^{-11}

从表 5-8 和表 5-9 中可以看出，发动机 S-motor2 密封结构性能随贮存时间的变化规律与发动机 S-motor1 相似，随着贮存时间的增长，接触应力下降，泄漏率增大。经过 30 年的贮存期，在 0.3 MPa 检查压力下，密封圈接触应力均在 2 MPa 以上，是检查压力的 6 倍以上，而总泄漏率则在 10^{-6} 数量级以下，非常小。而在工作高压 6.4 MPa 下，经过 30 年贮存期，接触应力均在 7 MPa 以上，大于工作压力，而总泄漏率则在 10^{-11} 数量级以下，非常小。同样，在正常贮存情况下，30 年贮存期内密封圈老化不会引起发动机密封失效。

5.3 点火建压条件下固体火箭发动机瞬态密封性能评估

上文通过固体火箭发动机密封结构的功能分析可知，既要保证发动机在平时贮存时药柱不受潮，又要保证发动机在工作时不泄漏，发动机贮存期间是通过定期气密性检查和发射准备前的气密性检查来确认的。

由前面的泄漏率计算可知，算例发动机经历长达 30 年的贮存后，在气密性检查和工作压力下都能保证密封不失效。但前面的计算考虑的是静态压力，而发动机点火工作期间的压力是动态的，点火瞬间燃烧室压力由零迅速上升，达到最大值后进入稳定工作阶段，压力在一个小的区间内波动。当发动机达到稳定工作状态后，压力虽不断变化，但幅值不大，对发动机的密封性能影响不大，可用最大工作压力下的静态泄漏率来评估。通过前面的计算可知，发动机在最大工作压力下密封可靠，则可认为发动机在整个稳态工作期间密封是可靠的。

在发动机点火建压过程中，压力急剧上升，此时受到发动机内压力的作用使密封法兰间隙迅速增加，导致密封圈上的预紧力快速卸掉，继而使密封圈接触应力迅速减小。此时，发动机的密封结构是否仍能保证可靠密封呢？这就要研究密封圈的回弹速率能否保证发动机可靠密封。

5.3.1 密封圈回弹失效判据

橡胶类密封圈都有一定的黏弹性，压缩应力卸掉后，密封圈不会立即恢复到原来的状态。作为发动机的密封圈，希望压缩应力卸掉后，立即恢复到原来状态，即其黏弹效应越小越好。密封圈压缩卸载后，其高度随时间的变化关系为

$$H(t)=[1-\varepsilon_0(1-\tau_\varepsilon/\tau_\sigma)\exp(-t/\tau_\sigma)]H_0 \tag{5-8}$$

式中：$H(t)$ ——回弹高度；

ε_0 ——初始压缩率；

H_0 ——密封圈初始高度；

τ_ε ——应变恒定时的应力松弛时间；

τ_σ ——应力恒定时的应变松弛时间。

密封圈的回弹速率则为回弹高度对时间的导数，即

$$V(t)=H_0\varepsilon_0(1-\tau_\varepsilon/\tau_\sigma)(t/\tau_\sigma)\exp(-t/\tau_\sigma) \tag{5-9}$$

很明显，在发动机点火建压过程中，内压使法兰间隙迅速增大，同时密封圈因约束减小而迅速回弹。如果密封圈的回弹速率大于法兰间隙增加速率，密封圈仍能保持一定的压缩率，始终保证密封圈接触应力大于零，密封可靠，反之，密封失效。因此，可得到基于密封圈回弹性能的失效判据为

$$V(t)<V_J \tag{5-10}$$

为研究固体火箭发动机密封圈经老化后的回弹特性能否满足发动机点火建压过程的使用要求，需要利用密封圈回弹速率测试系统和模拟发动机试验系统，开展经历不同老化时间的密封圈回弹速率测定和发动机密封间隙张开速率测定，然后利用上述失效判据进行评估。

5.3.2 密封圈回弹速率测试

为了测定密封圈的回弹速率，郭宇等设计了密封圈回弹性能测试试验系统，其基本原理是：通过弹簧质量块给密封圈试件加载，使密封圈试件处于压缩状态，通过电磁销释放弹簧质量块，利用弹簧质量块的动能使密封圈迅速卸压，处于自由状态，密封圈试件进行自由回弹，通过高速摄影系统捕捉密封圈的回弹速率。

利用该密封圈回弹测试试验系统开展加速老化和自然贮存密封圈的回弹速率测试试验，以探索贮存（老化）时间对密封圈回弹性能的影响，评估经长期贮存的密封圈是否满足发动机点火工作的使用要求。

1. 试件

试验采用两种试件，一种是经过加速老化后的橡胶密封圈，另一种是从经过自然贮存的固体火箭发动机上分解下来的橡胶密封圈。

加速老化试件为硅橡胶材料 G105，密封圈规格 φ100×5.5，分别加速老化 0 天、4 天（相当于自然贮存约 3 年）、12 天（相当于自然贮存约 9 年）、16 天（相当于自然贮存约 12 年），然后再从密封圈上截取小段作为回弹试验的试件。

自然贮存试件为某固体火箭发动机自然贮存 8 年 10 个月（即 8.9 年），从发动机上分解密封圈（分别为硅橡胶 G105 - φ1100×5.5、氟橡胶 F108 - 1094×4×4、氟橡胶 F108 - φ258×4 和氟橡胶 F108 - φ575×6），并从密封圈上截取小段作为回弹速率测试的试件。

2. 试验结果

加速老化的硅橡胶密封圈 G105 - φ100×5.5 老化前、后回弹速率试验结果表明：未老化密封圈的回弹速率为 20.0 mm/s，在贮存过程中，密封圈回弹速率逐渐降低，老化 4 天（等效自然贮存 3 年），回弹速率为 18.5 mm/s，老化 12 天（等效自然贮存 9 年），回弹速率为 15.2 mm/s，老化 16 天（等效自然贮存 12 年），回弹速率为 11.3 mm/s，即回弹速率随贮存时间增长而减小。

自然贮存的密封圈试验结果表明：硅橡胶 G105 密封圈的回弹速率较氟橡胶 F108 材料小，在贮存过程中，氟橡胶 F108 材料密封圈的回弹速率逐渐降低；自然贮存约 9 年的硅橡胶

密封圈 G105 - φ1 100×5 的回弹速率为 11.8～14.7 mm/s，氟橡胶密封圈 F108 - 1 094×4×4 回弹速率为 12.2～15.1 mm/s，氟橡胶密封圈 F108 - φ258×4 回弹速率为 19.2～23.0 mm/s，氟橡胶密封圈 F108 - φ575×6 回弹速率为 25.3～35.3 mm/s。

5.3.3　法兰张开速率试验

为了获得点火工作时发动机壳体密封法兰的间隙张开情况，检验密封圈经长期贮存（老化）后是否能够响应法兰间隙张开速率，郭宇等人设计了模拟发动机，用以模拟重点考核的密封结构部位，并对模拟发动机进行点火试验，试验中对模拟发动机密封考核部位进行应变测试，再将应变量转换为密封结构的法兰张开角及张开间隙。

1. 密封模拟发动机

模拟发动机的密封结构与前述自然贮存发动机的密封结构相同，包括 G105 - φ1100×5，F108 - 1094×4×4，F108 - φ258×4 和 F108 - φ575×6 四种密封圈，将经加速老化和在发动机内自然贮存的密封圈分解下来，安装到模拟发动机上，进行点火试验。由于发动机后开口密封结构在工作内压情况下法兰变形较大，对应部位的密封圈在长期贮存条件下永久变形量的增加以及回弹性能的下降导致该部位密封失效的可能性较大。因此，密封模拟发动机重点模拟两级发动机后开口密封圈贮存期为 10 年的贮存寿命，并进行模拟发动机点火试验考核。

2. 模拟发动机点火试验结果

对模拟发动机进行 6 次点火试验，从结果可以看出，经历自然贮存 9 年和加速老化 14 年的密封圈，在模拟发动机点火试验中均密封可靠。6 次点火试验中，模拟发动机的密封法兰张角和张开间隙的变化规律一致，在点火建压过程（从 0.3 MPa 到第一个压强峰的时间，点火建压时间为 0.11～0.114 s）中，密封部位的法兰张角和密封结构张开间隙最大。

根据模拟发动机试车结果，发动机后开口密封圈为 G105 材料 1 100×5.5，在最大压强为 6.8 MPa 的条件下，密封部位最大张开为 1.02 mm，最大张开速率为 8.92 mm/s，侧面密封圈为 F108 材料 1 094×4×4，密封部位最大张开间隙为 0.67 mm，最大张开速率为 5.86 mm/s；二级发动机尾部端面密封圈为 F108 材料 575×6，密封部位最大张开间隙为 0.79 mm，最大张开速率为 6.97 mm/s。

3. 真实发动机点火试验结果

为分析模拟发动机对真实发动机的代表性，还对 5 台前述自然贮存的真实发动机进行了点火试验。其中两次点火试验结果如下：

（1）真实发动机 T-motor1 点火试验点火建压过程（从 0.3 MPa 到第一个压强峰 5.2 MPa 的时间，点火建压时间为 0.228 s）中，尾部端面密封部位法兰张角为 1.65°，最大张开间隙为 1.04 mm，最大张开速率为 4.55 mm/s，侧面密封圈密封部位张开间隙为 0.74 mm，最大张开速率为 2.99 mm/s。

（2）真实发动机 T-motor2 点火建压过程（从 0.3 MPa 到第一个压强峰 5.41 MPa 的时间，点火建压时间为 0.23 s）中，尾部端面密封部位法兰张角为 1.32°，最大张开间隙为 0.83 mm，最大张开速率为 3.62 mm/s，侧面密封圈部位张开间隙为 0.55 mm，最大张开速率为 2.38 mm/s。

4. 结论

通过对模拟发动机和真实发动机点火试验数据分析可以得出，5 台真实发动机的点火建压上升速率（统计压强从 0.5 MPa 至燃烧室压强上升到 4.4 MPa 的时间段）为 38.9～43.3 MPa/s，模拟发动机的点火建压上升速率为 38.46～47.06 MPa/s。经对比分析可知，与真实发动机相比，模拟发动机压强上升速率较快，因此，模拟发动机的点火建压速率能满足真实发动机的要求。

通过模拟发动机点火试验与真实发动机地面试车过程的对比可以看出，模拟发动机能够代表真实发动机在点火建压期间的法兰张角、张开间隙和张开速率。

5.3.4 密封圈回弹失效评估

根据密封模拟发动机和真实发动机点火试验测得的法兰张开速率，以及根据加速老化密封圈和自然贮存密封圈测得的密封圈回弹速率，见表 5-10。利用密封回弹失效评估判据式(5-10)对试验数据进行评估，结果表明：在自然贮存过程中，固体火箭发动机密封圈的回弹速率有所下降，但都远大于密封间隙增加速率，因此，密封圈的回弹速率能够满足 12 年贮存期发动机点火建压和工作过程的使用要求。

表 5-10 密封圈回弹速率评估

密封圈	材 料	单 位	真实发动机密封部位张开速率	模拟发动机密封部位张开速率	回弹试验结果	评 估
1 100×5.5	G105	mm/s	4.55	8.92	11.8～14.7	满足
1 094×4×4	F108	mm/s	2.99	5.86	12.2～15.1	满足
258×4	F108	mm/s	<6.97	—	19.2～23.0	满足
575×6	F108	mm/s	—	6.97	25.3～35.3	满足

5.4 点火建压过程中密封圈泄漏率评估

5.4.1 点火建压动态过程中泄漏率计算模型

前面密封结构泄漏率评估采用了静态计算模型，认为介质压力、密封圈压缩率、接触应力和法兰间隙均保持不变。但在点火建压阶段，介质压力（燃烧室压力）急剧上升，在压力作用下法兰间隙增加、密封圈压缩率减小、接触应力减小，同时密封圈进行弹性恢复，以填充增加的法兰间隙。因此，在进行点火建压动态过程中泄漏率计算时，静态计算模型不再适用。下面建立 O 形圈密封结构动态泄漏率计算模型。

1. 点火建压过程中密封圈动态压缩率

在发动机点火建压过程中，O 形圈密封结构的变形过程如图 5-6 所示。

图 5-6(a)表示燃烧室内压开始上升时刻，内压为 p_0，密封圈初始截面直径为 d，压缩率

为 ε_0，法兰间隙为 g_0，密封圈高度为 $h_0=(1-\varepsilon_0)d$，且 $g_0=h_0$。

假设图 5-6(b)中内压上升过程中 t 时刻，内压上升至 p_t，密封圈回弹速率为 v_h，密封法兰间隙增加速率为 v_g。则密封法兰间隙增加至：

$$g_t=g_0+\int_0^t v_g\mathrm{d}t \tag{5-11}$$

如果密封圈无约束，在 t 时刻密封圈回弹高度化为

$$h_t=h_0+\int_0^t v_h\mathrm{d}t \tag{5-12}$$

由于受到法兰约束，密封圈实际回弹高度等于密封法兰间隙 g_t。

假设密封圈回弹速率 v_h 大于密封法兰间隙增加速率 v_g，则此时密封圈的动态压缩量为

$$\Delta=h_t-g_t=\int_0^t v_h\mathrm{d}t-\int_0^t v_g\mathrm{d}t \tag{5-13}$$

此时，密封圈的动态压缩率为

$$\varepsilon(t)=\frac{\Delta}{h_t}=\frac{\int_0^t v_h\mathrm{d}t-\int_0^t v_g\mathrm{d}t}{h_0+\int_0^t v_h\mathrm{d}t}=\frac{\int_0^t v_h\mathrm{d}t-\int_0^t v_g\mathrm{d}t}{(1-\varepsilon_0)d+\int_0^t v_h\mathrm{d}t} \tag{5-14}$$

如果密封圈回弹速率 v_h 和密封法兰间隙增加速率 v_g 均为常值，即密封圈回弹和密封法兰间隙增加均按匀速进行，则式(5-14)可简化为

$$\varepsilon(t)=\frac{(v_h-v_g)t}{(1-\varepsilon_0)d+v_h t} \tag{5-15}$$

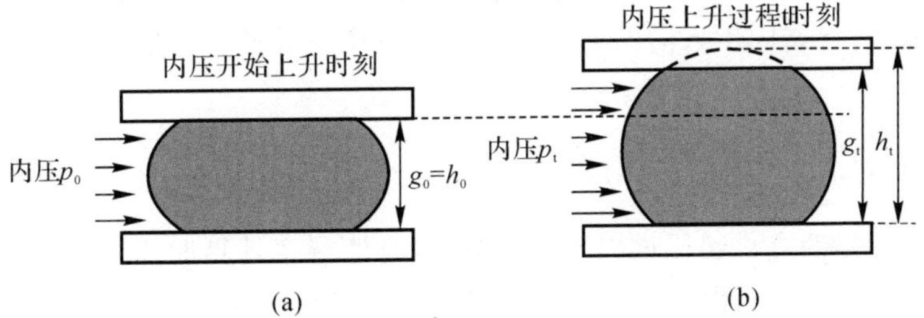

图 5-6　发动机点火建压过程中 O 形圈密封结构变形过程示意图

(a)内压开始上升时刻；(b)内压上升过程中 t 时刻

密封圈动态压缩率描述了点火建压过程中压力开始上升至上升结束密封圈压缩率随时间的变化。式(5-15)表明，在压力开始上升时刻，由于法兰受内压作用突然对密封圈卸压，而密封圈回弹速率不可能无限大，密封圈不受压，压缩率为 0。而此后压缩率的大小与密封圈回弹速率和法兰张开速率大小有关，若回弹速率大于张开速率，则密封圈被压缩，压缩率大于 0，密封圈与法兰间接触应力大于 0；若回弹速率小于张开速率，密封圈不受压，压缩率等于 0(小于 0 无意义)，密封圈与法兰接触应力为 0。

由此可见，在发动机点火建压过程中，燃烧室内压开始上升时刻以及密封圈回弹速率小于法兰间隙张开速率的情况下，密封圈与法兰的接触应力均为 0，存在泄漏的可能。但实际上，在发动机内压开始上升前，密封圈处于静态压缩状态，其压缩率即为初始压缩率 ε_0。而内压上升虽然迅速，但仍是从初始压力连续上升的，法兰张开过程也是从初始间隙连续变化的，因而不存在法兰突然张开的点，即密封圈动态压缩率是由初始压缩率 ε_0 率连续减小的，也就是

说密封圈与法兰的接触应力也是由静态接触应力连续减小的,在内压开始上升时刻不为0,只有密封圈回弹速率小于法兰张开速率时,经过一段时间后才会出现压缩率为0、接触应力为0的情况,出现泄漏的可能。

由于发动机点火升压过程非常短,式(5-15)中分母第二项 $v_h t$ 远小于分母第一项 $(1-\varepsilon_0)d$,为简化起见,计算时可以忽略。

2.点火建压密封结构动态泄漏率

在第4章静态泄漏率计算时,经老化后的O形密封圈泄漏率 Q 由式(4-11)计算,其中密封圈与法兰的接触应力 σ 由式(4-6)计算,而式(4-6)中接触宽度与密封圈截面直径比 K_ε 由式(4-8)确定。将此三式中密封圈压缩率 ε 和内压 p 换成回弹过程中的动态压缩率 $\varepsilon(t)$ 和内压 $p(t)$,即可计算点火建压过程中O形圈密封结构的动态泄漏率 $Q(t)$:

$$Q(t)=4\sqrt{\frac{T}{M}}\frac{Lh^2}{b}\exp\left[\frac{-3\sigma_m B\exp(-K_c t_a^\alpha)}{R_s}\right]p(t) \tag{5-16}$$

为了与回弹时间相区别,密封圈老化时间用 t_a 表示。应力 σ_m 的计算公式为

$$\sigma_m=1.25\left[1+\frac{\mu^2 K_\varepsilon}{1-\varepsilon(t)}\right]E\varepsilon(t)+\frac{\gamma}{1-\gamma}p(t) \tag{5-17}$$

式中,K_ε 由下式计算,即

$$K_\varepsilon=4\varepsilon(t)^2+0.34\varepsilon(t)+0.31 \tag{5-18}$$

因此,利用试验获得的密封圈回弹速率和法兰间隙张开速率可以计算点火建压过程中密封圈动态压缩率,根据O形圈密封结构动态泄漏率计算模型可以计算发动机各密封部位在点火建压时的泄漏率,根据固体火箭发动机总泄漏率串并联模型可以计算发动机点火建压过程中的总泄漏率。

5.4.2 发动机点火建压过程泄漏率计算

由于发动机实际的点火建压过程比较复杂,进行泄漏率计算时需要进行一定的简化。为了提高安全系数,简化时以计算结果偏保守为原则,即考虑最恶劣的情况,也就是在简化时以计算出的泄漏率最大为原则,进行以下几个方面的简化假设。

(1)密封材料简化。固体火箭发动机密封件常用G105,F108,F111和F202等几种材料,由回弹速率试验结果可知,G105密封圈的回弹速率较F108材料小,计算时均按G105材料的回弹速率取值。

(2)密封结构简化。固体火箭发动机密封件有O形圈、X形圈、U形套等形状,由于X形圈、U形套均为二级串联密封结构,泄漏率远小于O形圈密封,计算时统一按O形圈密封结构计算。

(3)动态密封条件简化。由于发动机点火建压时间较短,可将内压 $p(t)$ 按线性变化处理。

(4)回弹速率与法兰张开速率简化。橡胶类密封圈都有一定的黏弹性,其回弹速率是非线性的,发动机点火建压过程中法兰张开速率也是非线性的,但发动机点火建压时间极短,可将回弹速率和法兰张开速率按常量处理。

下面以发动机S-motor1为算例计算点火建压时的动态泄漏率。先计算后接头与绝热后盖间的端面密封圈G105-1 100×5.5,因密封圈初始压缩率大多在0.2~0.35范围内,取初

始压缩率 $\varepsilon_0=0.2$，在点火建压的 0.11～0.114 s 之间，密封部位张开间隙最大，选取 t 为 0.11 s 时刻进行计算，取最大内压为 6.4 MPa，最大张开速率为 8.92 mm/s。根据回弹试验，G105 密封圈未老化时回弹速率为 20.0 mm/s，老化 3 年回弹速率为 18.5 mm/s，老化 9 年回弹速率为 15.2 mm/s，老化 12 年回弹速率为 11.3 mm/s。计算得到发动机 S-motor1 分别贮存 0 年、3 年、9 年、12 年后，点火建压时 G105－1 100×5.5 密封圈间隙张开最大时刻的泄漏率见表5－11。

表 5－11　点火建压间隙张开最大时不同老化时间 G105－1 100×5.5 密封圈泄漏率

老化时间/a	0	3	9	12
压缩率	0.195	0.173	0.120	0.048
接触应力	7.008 1	6.976 3	6.851 7	6.789 7
泄漏率/($Pa \cdot m^3 \cdot s^{-1}$)	$4.239\ 5\times10^{-8}$	$3.941\ 3\times10^{-7}$	$3.538\ 6\times10^{-7}$	$1.879\ 3\times10^{-6}$

从表 5－11 中可以看出，发动机点火建压过程中密封圈的动态压缩率和接触应力随贮存老化时间增长而减小，而动态泄漏率随着贮存老化时间增长而增大。但即使贮存 12 年之久，泄漏率仍然较小。

从第 5.2 节发动机总泄漏率计算结果可以看出，发动机 S-motor1 燃烧室后接头与绝热后盖之间的端面密封圈（φ1 100×5.5）的泄漏率最大。因动态泄漏率计算和静态泄漏率计算方法相同，在发动机点火建压动态泄漏率计算时，为简化计算，可将发动机其他部位密封圈的泄漏率取为 MF1－02A 的值，按照发动机总泄漏率串并联模型计算点火建压时的总泄漏率，结果趋于保守。按照此方法计算老化 12 年后发动机 S－motor1 点火建压过程中总的动态泄漏率为 $1.127\ 58\times10^{-5}\ Pa \cdot m^3/s$，这一值远小于发动机静态气密性检查时的最大允许泄漏率，发动机 S-motor2 也可得到类似结果。

由此可见，经 12 年贮存的发动机 S-motor1 密封结构在点火建压过程中的总泄漏率非常小，远小于发动机静态气密性检查时的最大允许漏率，密封可靠。

第6章 固体火箭发动机密封性能评估

整体框架

固体火箭发动机密封结构非常重要，其密封性能直接关系到固体火箭发动机能否正常工作，进而影响火箭、导弹发射和飞行的成败。密封结构需要保证固体火箭发动机在平时贮存期间和点火工作期间均能可靠密封，进而保证发动机在贮存期间不使湿气和灰尘等进入燃烧室内影响推进剂药柱性能，在工作期间不使燃气外泄而影响发动机工作性能甚至发生穿火、爆炸。本书正是对固体火箭发动机的密封性能进行分析和评估。

6.1 气密性检查

为确认固体火箭发动机的密封是否可靠，在制造、贮存和发射前需要对其进行密封性能检测，也称为泄漏检测或气密性检查。气密性检查方法较多，固体火箭发动机常用的有压降法、皂泡法和氦质谱法3种。3种方法的合格判据指标不同，压降法为单位时间内的压强差，皂泡法为单位时间内的皂泡个数，氦质谱法则为泄漏率。为了进行对比，将3种方法的合格判据指标换算为泄漏率，结果表明压降法可检测的泄漏率需达到1 Pa·m^3/s以上，而皂泡法可检测的泄漏率为1.0×10^{-5}Pa·m^3/s以上，氦质谱法可检测的漏率可低至1.0×10^{-12}Pa·m^3/s。因此，压降法适用于漏率较大的情况，皂泡法适用范围更宽，氦质谱法适用于检漏要求很高的情况。压降法检测的是发动机的总体泄漏情况，但无法定位漏孔，皂泡法和氦质谱法可用于局部泄漏定位。但皂泡法和氦质谱法需要固体火箭发动机的密封部位均处于裸露状态。大多数情况下，对固体火箭发动机的密封性要求并不是很高，通常采用压降法进行发动机气密性检查，若气密性不合格，再用皂泡法进行泄漏定位。只有在密封性要求很高的情况下才用氦质谱法检漏。

压降法气密性检查通常使用的检查压力较低(0.1～0.4 MPa)，远低于发动机的工作压力(3～10 MPa)。在低压下发动机气密性检查合格，是否能保证高压工作下密封可靠呢？固体火箭发动机有时需要经过长期贮存后使用，气密性检查合格的固体火箭发动机经长期贮存后其密封性能如何变化？是否还能满足使用要求呢？这就需要对固体火箭发动机的密封结构进行性能评估。

6.2 O形圈密封结构泄漏率模型

固体火箭发动机由燃烧室、安全点火装置和喷管等几部分组成，各部分之间的连接部位则依靠O形圈密封结构进行密封，因而固体火箭发动机的总体密封性能是这些O形圈密封结构性能的综合体现。O 形圈密封结构由 O 形橡胶密封圈和沟槽结构组成。O 形圈的胶料特性、拉伸率、压缩率、沟槽的设计、制造精度和质量、装配质量等都对 O 形圈密封结构的性能有较大影响。

O 形圈密封结构装配后，O 形圈发生挤压变形，在密封圈和密封接触面之间产生接触应力，当密封侧存在介质时，介质压力作用到 O 形圈上，使挤压变形扩大，致使接触应力增大。当接触应力大于介质压力时，密封可靠。这就是基于接触应力的 O 形圈密封结构密封机理。

Roth 认为，密封面并不是绝对的平面，在机械加工过程中，由于刀具芯轴的跳动，密封面会出现微小的凸峰和凹谷，被密封的介质则可沿着这些通道泄漏。O 形橡胶圈被挤压变形时，橡胶材料会填充这些沟槽，减小甚至堵塞这些泄漏通道，使泄漏减小。当泄漏率小于某一阈值时，则可认为密封可靠。这就是基于泄漏率的密封机理。

Roth 将凸峰和凹谷简化为等腰三角形，推导出了 O 形圈密封结构泄漏率公式，称为 Roth 泄漏率模型，即

$$Q = nQ_s = \frac{1}{3}\sqrt{\frac{8\pi RT}{M}}\ \frac{KLh^2}{b\left(1+\dfrac{1}{\cos\alpha}\right)}\exp\left(\frac{-3\sigma_m}{R_s}\right)\Delta p \approx \tag{6-1}$$

$$4\sqrt{\frac{T}{M}}\ \frac{Lh^2}{b}\exp\left(\frac{-3\sigma_m}{R_s}\right)\Delta p$$

接触应力则由下式计算，则有

$$\bar{\sigma} = 1.25\left(1+\frac{\mu^2 K_\varepsilon}{1-\varepsilon}\right)E\varepsilon + \frac{\gamma}{1-\gamma}p \tag{6-2}$$

这样，就可以计算 O 形圈密封结构的泄漏率和接触应力，进而对 O 形圈密封结构进行性能评估。

6.3　长期贮存条件下 O 形圈密封结构泄漏率计算

在实际使用过程中，固体火箭发动机密封结构可能会因为设计不合理、加工制造未达到技术要求、使用环境影响和橡胶密封圈的自然老化等原因而密封失效。其他因素可通过在设计、生产中的质量检验和控制、使用过程中的环境条件控制等予以消除，但橡胶密封圈的自然老化现象无法消除，有必要进行专门评估。

通过在 Roth 泄漏率模型中引入时间老化项，得到长期贮存条件下 O 形圈密封结构泄漏率计算公式和接触应力计算公式，即

$$Q(t) = 4\sqrt{\frac{T}{M}}\ \frac{Lh^2}{b}\exp\left[\frac{-3\sigma_m B\exp(-K_c t^\alpha)}{R_s}\right]p \tag{6-3}$$

$$\bar{\sigma}(t)/\bar{\sigma} = B\exp(-K_c t^\alpha) \tag{6-4}$$

计算 O 形圈密封结构泄漏率和接触应力时，应考虑问题的三重非线性特点。用 ABAQUS 软件进行仿真计算，在 * Step 选项中加入 Nlgeom 参数，使软件按照定义好的几何非线性参数进行计算，解决几何非线性计算问题。在 ABAQUS 材料属性(Property)模块中，选取两个材料常数的 Mooney-Rivilin 应变能函数模型来表征橡胶材料的本构关系，以解决材料非线性问题。在 ABAQUS 中选择上、下法兰接触面作为主面，橡胶 O 形圈的接触面作为从

面,定义接触对,并设置两个接触面相对滑动,采用罚函数算法作为约束执行算法,在两个接触面的节点之间填充伪单元来模拟面-面之间的接触,从而解决接触非线性问题。

采用尺寸为φ575 mm×6 mm 的橡胶 O 形圈为例进行计算,沟槽为矩形,当压缩率一定时,随着介质压力增大,橡胶圈的最大 Von Mises 应力、最大接触压力和最大剪应力均增大。这说明介质压力越大,密封越可靠。因此,用较低压力对 O 形圈密封结构进行气密性检测,可以保证其在大的工作压力下的密封可靠。而且,橡胶圈的最大接触压力始终大于介质压力,这说明 O 形圈密封结构具有自锁密封的特性。介质压力一定时,随着压缩率增大,O 形圈的最大 Von Mises 应力、最大接触应力和最大剪应力均增大,这说明,增大初始压缩率(预紧力)有利于密封。

根据 Roth 模型计算得到 O 形圈密封结构的泄漏率,在 0.3 MPa 介质压力下约为 1.0×10^{-7} Pa·m^3/s,经过长期贮存,随着贮存时间的增长,泄漏率增大,但增速很缓慢,贮存 30 年以后其泄漏率仍在 1.0×10^{-7} Pa·m^3/s 范围内。这说明在正常情况下,橡胶圈老化对 O 形圈密封结构的泄漏率影响不大。

采用模拟法兰试验装置和经加速老化的 O 形密封圈进行泄漏率检测试验,测得其泄漏率数量级与仿真计算结果相当,随着橡胶圈老化时间增长,泄漏率的变化趋势也与仿真计算结果相同。这说明利用 Roth 泄漏率模型进行 O 形圈密封结构性能评估的方法是正确的,可以用来评估固体火箭发动机的密封性能。

6.4 长期贮存条件下固体火箭发动机密封性能评估

固体火箭发动机的整体密封结构是由多个 O 形圈密封结构组成的,可仿照串并联电路总电阻的计算方法,计算发动机 O 形圈密封结构泄漏通道的总流阻。则发动机的总漏率可按以下方法计算:①分别计算发动机各 O 形圈密封结构的泄漏率;②按 $R=\Delta P/Q$ 计算各 O 形圈密封结构的泄漏流阻;③按 O 形圈密封结构串并联关系计算发动机总泄漏流阻 R_Z;④按$Q_Z=\Delta P/R_Z$ 计算发动机的总泄漏率。

以两种固体火箭发动机 S-motor1 和 S-motor2 为例进行计算,结果表明 0.3 MPa 介质压力(相当于压降法气密性检查压力)下发动机的总漏率在以 1.0×10^{-6} Pa·m^3/s 数量级,经过 30 年贮存期后仍在 1.0×10^{-6} Pa·m^3/s 数量级;6.4 MPa 工作压力(相当于发动机稳态工作压力)下发动机的总漏率在以 1.0×10^{-13} Pa·m^3/s 数量级,经过 30 年贮存期,发动机的总漏率在以10^{-11} Pa·m^3/s 数量级。

这说明在密封正常的情况下,固体火箭发动机的泄漏很小,无法通过压降法和皂泡法检测到,采用压降法和皂泡法不会发生误报的情况,而在密封失效的情况下,固体火箭发动机的泄漏率异常增大,又可通过压降法和皂泡法检测到。因此,通常情况下,采用以压降法气密性检查为主、皂泡法气密性检查为辅的策略是正确的。但当对固体火箭发动机的密封性要求很高,或者要进行特殊的泄漏率定量研究(如橡胶圈老化对泄漏率的影响)时,则必须采用氦质谱法。同时也说明,在自然贮存条件下,密封圈的自然老化对发动机的漏率影响不大,即使经过 30 年贮存期,密封结构仍然能满足使用要求,压降法气密性检查时合格,稳态工作时密封可靠。

6.5　点火建压条件下固体火箭发动机密封性能评估

固体火箭发动机在静态条件下密封可靠，但在发动机点火建压过程中，发动机内压力急剧上升，密封法兰间隙迅速增加，导致密封圈上的预紧力快速卸掉，继而使密封圈接触应力迅速减小，此时长期贮存后的 O 形圈密封结构是否会失效呢？可采用以下判据对密封圈回弹失效进行判定，即

$$V(t) < V_{\mathrm{J}} \tag{6-5}$$

利用回弹速率测试装置测定经自然贮存和加速老化的密封圈的回弹速率 $V(t)$，利用模拟发动机和自然贮存发动机进行点火试验，以测定点火建压过程中密封法兰间隙的张开速率 V_{J}，并利用式(6－5)进行密封圈回弹失效评估。结果表明：在自然贮存过程中，发动机 S-motor1 和 S-motor2 密封圈的回弹速率有所下降，但自然贮存 12 年密封圈的回弹速率都远大于密封间隙增加速率，因此，密封圈的回弹速率能够满足 12 年贮存期发动机点火建压和工作过程的使用要求。

在点火建压过程中，O 形密封圈的压缩率在不断变化，动态压缩率的计算公式为

$$\varepsilon(t) = \frac{(v_{\mathrm{h}} - v_{\mathrm{g}})t}{(1-\varepsilon_0)d + v_{\mathrm{h}}t}\varepsilon_{\mathrm{t}} = \frac{(v_{\mathrm{h}} - v_{\mathrm{g}})t}{(1-\varepsilon_0)d + v_{\mathrm{h}}t} \tag{6-6}$$

点火建压过程中 O 形圈密封结构的动态泄漏率和接触应力分别按如下两式计算，那

$$Q(t) = 4\sqrt{\frac{T}{M}}\frac{Lh^2}{b}\exp\left[\frac{-3\sigma_{\mathrm{m}}B\exp(-K_{\mathrm{c}}t_a^a)}{R_{\mathrm{s}}}\right]p(t) \tag{6-7}$$

$$\sigma_{\mathrm{m}} = 1.25\left[1 + \frac{\mu^2 K_\varepsilon}{1-\varepsilon(t)}\right]E\varepsilon(t) + \frac{\gamma}{1-\gamma}p(t) \tag{6-8}$$

再按照发动机总泄漏率串并联模型计算发动机点火建压过程中的总泄漏率。

对发动机 S-motor1 进行 O 形圈密封结构动态泄漏率和发动机总泄漏率计算，结果表明：点火建压过程中密封圈的动态压缩率和接触应力随贮存老化时间增长而减小，而动态泄漏率随着贮存老化时间增长而增大。老化 12 年后发动机 S-motor1 点火建压总的动态泄漏率为 $1.127\,58\times10^{-5}$ Pa·m^3/s。这一值远小于发动机静态气密性检查时的最大允许泄漏率，发动机 S-motor2 也可得到类似结果。因此，发动机经过 12 年贮存期后，O 形圈密封结构能够满足使用要求。

以上试验结果和仿真评估结果均说明，算例发动机 S-motor1 和 S-motor2 经过 12 年自然贮存后，其密封性能能够满足使用要求。

参考文献

[1] 宁超，田干. 火箭发动机理论基础[M]. 3 版. 西安：西北工业大学出版社，2021.

[2] 穆志韬，邢耀国. 固体发动机密封技术的研究现状与发展[J]. 机床与液压，2004(5)：5-8.

[3] 刘登瑞. 航天飞机的故障和风险[J]. 质量与可靠性，2001(1)：21-24.

[4] 刘伟建. 橡胶 O 形圈静密封概述[J]. 液压气动与密封，2013，33(11)：70-72.

[5] 卢新波，张中明. O 形圈材料选择与密封结构设计[J]. 液压气动与密封，2012，32(2)：26-29.

[6] 李忠国，龚烈航，王强，等. O 圈密封的应用及进展[J]. 润滑与密封，2002(2)：68-70.

[7] 冯利军，臧彦斌. O 形橡胶密封圈的选择与设计[J]. 现代车用动力，2008(3)：46-48.

[8] SCOTT R S. Seal materials selection design and performance advancements form the space shutter booster redesign[C]//25th Joint Propulsion Conference. San Diego：AIAA，1989：2289.

[9] 林峥. 实用密封手册[M]. 上海：上海科学技术出版社，2008.

[10] 聂恒凯，侯亚合. 橡胶材料与配方[M]. 北京：化学工业出版社，2015.

[11] 高静茹，刘惠春. 橡胶密封制品标准手册[M]. 北京：中国标准出版社，2012.

[12] LINDLEY P B. Compression characteristics of laterally unrestrained rubber O-rings[J]. JIRI，1967(1)：202-213.

[13] 杜秋华，杜海深，巫宗萍，等. 分子流状态平面密封结构漏率预估[J]. 真空，2012，49(1)：36-38.

[14] 法兰用密封垫片实用手册编委会. 法兰用密封垫片实用手册[M]. 北京：中国标准出版社，2004.

[15] 陈家照，黄闽翔，王学仁. SRM 密封槽结构形式对橡胶 O 形圈的密封性能影响分析[C]//中国宇航学会固体火箭推进专业委员会第三十二届年会论文集. 吉安：中国宇航学会固体火箭推进专业委员会，2015：19-23.

[16] 毛俐丽，黄炉平. O 型密封圈和密封槽的选配与应用[J]. 水雷战与舰船防护，2012，20(1)：65-67.

[17] 刘敬喜，季念迎. O 形密封圈的选型与使用[J]. 液压气动与密封，2013，33(6)：57-59.

[18] 叶惠军. O 型密封圈结构设计及相关问题探讨[J]. 液压气动与密封，2013(6)：63-64.

[19] 蔡能. O 形密封圈用沟槽尺寸设计计算[J]. 中国制造业信息化，2006，35(15)：71-72.

[20] 刘军. 产品气密性检测技术研究[D]. 哈尔滨：哈尔滨工业大学，2013.

[21] 崔吉俊. 火箭导弹测试技术[M]. 北京：国防工业出版社，1999.

[22] 王凡，陈光奇，王荣宗. 航天产品常用泄漏检测方法[J]. 真空与低温，2012，18(4)：235-240.

[23] LEMON D K, FRIESEL M A, GRIFFIN J W, et al. Technology evaluation for space station atmospheric leakage[J]. Energy Conservation Consumption & Utilization, 1990(1):1-11.

[24] 张晓军，常新龙，陈顺祥，等. 氟橡胶密封材料热氧老化试验与寿命评估[J]. 装备环境工程，2012，9(4)：35-38.

[25] 常新龙，姜帆，惠亚军. 导弹橡胶密封件环境失效研究[J]. 装备环境工程，2011，8(4)：59-62.

[26] 张晓军，常新龙，张世英，等. 氟橡胶密封材料的湿热老化机制[J]. 润滑与密封，2013，38(5)：38-40.

[27] 常新龙，刘万雷，程建良，等. 固体火箭发动机密封件湿热老化性能研究[J]. 弹箭与制导学报，2012，32(4)：222-224.

[28] 蒋沙沙. 硅橡胶加速老化及失效机理研究[D]. 哈尔滨：哈尔滨工业大学，2013.

[29] 解红雨，吴勋，刘春梅，等. 硅橡胶密封件随弹贮存老化分析及寿命预估[J]. 装备环境工程，2011，8(6)：15-18.

[30] BERGSTROM E W. Environment aging of elastomers: part Ⅰ[J]. Elastomerics, 1977, 109(2):21-34.

[31] BERGSTROM E W. Environment aging of elastomers: part Ⅱ[J]. Elastomerics, 1977, 109(3):21-30.

[32] GILLEN K T. Methods for predicting more confident lifetimes of seals in air environments[J]. Rubber Chemistry and Technology, 2000, 73(2):265.

[33] WEI Y T, GUI L J, Yang T Q. Prediction of the 3-D effective damping matrix and energy dissipation of viscoelastic fiber composites[J]. Composite Struct, 2001, 54(1): 49.

[34] 国防科技工业无损检测人员资格鉴定与认证培训教材编写组委会. 泄漏检测[M]. 北京:机械工业出版社，2005.

[35] 王涛，王东颖，范伟. 气体泄漏检测新方法的研究进展[J]. 液压与气动，2015(10)：1-11.

[36] 李家琨，金伟其，王霞，等. 气体泄漏红外成像检测技术发展综述[J]. 红外技术，2014(7):513-520.

[37] 安丰华，韩滔，陈丽萍. 压力容器的氦质谱检漏方法[J]. 中国化工装备，2006，8(3)：27-28.

[38] 艾春安，李剑，王斌. 环境温度对固体火箭发动机气密性检查影响分析[J]. 火箭推进，2006，32(3)：8-11.

[39] 朱会学，马林，李锦云. 压降检漏过程中温度对漏率检测影响研究[J]. 机床与液压，2010，38(13):10-12.

[40] 濮荣强，黄文平. 氦质谱检漏技术的研究与实践[J]. 宇航计测技术，2012，32(6)：21-24.

[41] 张河，杨亚平，戎占伟. 氦质谱检漏技术在压力容器密封性试验中的应用分析[J]. 焊接技术，2010，39(4)：61-64.

[42] 冷文秀，胡家晨，张鑫杰，等. 肥皂泡的光学和力学性质[J]. 物理实验，2013，33(2)：29－33.

[43] 王小平，江键，宋茂海. 液膜气泡法测洗涤溶液的表面张力系数[J]. 物理实验，2005，25(11)：37－38.

[44] 周堃，刘杰，赵宇. 硅橡胶密封件长期贮存老化行为[J]. 材料工程，2018，46(8)：163－168.

[45] 张国彬，牟亚军，刘国良. 硅橡胶长期贮存老化机理分析[J]. 装甲兵工程学院学报，2016，30(1)：104－110.

[46] 孔晶，宋鹏涛，龚翔. O-ring 橡胶密封圈的耐老化性能研究[J]. 合成材料老化与应用，2018，47(2)：53－56.

[47] 丁玲，李志辉，杨慧. 天然橡胶的老化机理[J]. 高分子材料科学与工程，2018，34(5)：76－83.

[48] 高慧. 静态平面 O 形橡胶圈密封失效原因与选型设计[J]. 油气贮运，2010，29(12)：900－902.

[49] 段友顺，王彦，于洋，等. 氟橡胶耐热氧老化性能的研究[J]. 橡胶工业，2018，65(7)：768－771.

[50] 肖坤，顾晓辉. 某弹用 O 型密封圈热氧老化试验与寿命评估[J]. 弹箭与制导学报，2013，33(6)：59－61.

[51] 肖坤. 某弹用 O 型橡胶密封圈加速退化试验研究[D]. 南京：南京理工大学，2014.

[52] 杨晓红，许进升，周长省，等. 三元乙丙橡胶热氧老化后的力学性能[J]. 北京理工大学学报，2014，37(2)：126－130.

[53] 刘晓丹，谢俊杰，冯志新，等. 橡胶材料加速老化试验与寿命预测方法研究进展[J]. 合成材料老化与应用，2014，43(1)：69－73.

[54] 方强. 橡胶的老化现象及防老化措施[J]. 科技创新导报，2012(11)：69.

[55] 李昂. 橡胶的老化现象及其老化机理[J]. 特种橡胶制品，2009，30(5)：56－67.

[56] 王思静，熊金平，左禹. 橡胶老化机理与研究方法进展[J]. 合成材料老化与应用，2009，38(2)：23－33.

[57] 王思静，熊金平，左禹. 橡胶老化特征及防护技术研究进展[J]. 合成材料老化与应用，2009，38(3)：41－46.

[58] 沈尔明，李晓欣，王志宏，等. 长期储存后橡胶材料湿热老化分析[J]. 材料工程，2013(7)：87－91.

[59] 中国航天科技集团公司第五研究院第五一〇研究所. 一种航天用 O 型橡胶密封圈的漏率检测装置及方法：CN200910259308.7[P]. 2010－06－09.

[60] 随亚光，陈博，李捷，等. 一种法兰结构中 O 型密封圈漏率检测装置[J]. 润滑与密封，2013，38(12)：76－78.

[61] 彭光正，纪春华，葛楠. 气密性检测技术现状及发展趋势[J]. 机床与液压，2008，36(11)：172－174.

[62] 崔瑞芹. 密封圈气体密封性能研究[D]. 大连：大连理工大学，2015

[63] 肖祥正. 环境温度对压降法漏率测试的影响[J]. 真空与低温，2002，8(3)：154－156.

[64] 卢新波，张中明. O 形圈材料选择与密封结构设计[J]. 液压气动与密封，2012(2)：26－29.

[65] 刘兴玉，张新奇，余巍，等. O 形圈密封设计[J]. 液压气动与密封，2013，33(6)：73－75.

[66] FERM A G，MASON-JONES A，PHAM D T，et al. Finite element analysis of a valve stem seal[J]. Sealing for automotive applications，1998，106(3)：881－887.

[67] 徐同江. 基于 ANSYS 的 O 形密封圈的有限元分析[D]. 济南：山东大学，2012.

[68] WEI Y T，TIAN Z H，DU X W. A finite element model of rolling loss predication and fracture analysis for radial tires[J]. Tire Sci. Technol，1999，27(4)：250.

[69] 廖日东，左正兴，邹文胜. O 形圈轴对称超弹性接触问题的有限元分析[J]. 润滑与密封，1996(5)：30－33.

[70] 谭晶，杨卫民，丁玉梅，等. O 形橡胶密封圈密封性能的有限元分析[J]. 润滑与密封，2006(9)：65－69.

[71] 任全彬，蔡体敏，安春利，等. 硅橡胶“O”形密封圈 Mooney-Rivlin 模型常数的确定[J]. 固体火箭技术，2006，29(2)：130－134.

[72] 王波，矫桂琼，赖东方，等. 真空结构橡胶密封圈的泄漏率分析[J]. 西北工业大学学报，2010，28(1)：129－133.

[73] 朱艳峰，刘锋，黄小清，等. 橡胶材料的本构模型[J]. 橡胶工业，2006，53(2)：119－125.

[74] 黄建龙，解广娟，刘正伟. 基于 Mooney-Rivlin 模型和 Yeoh 模型的超弹性橡胶材料有限元分析[J]. 橡胶工业，2008，55(8)：467－470.

[75] 谭江华，罗文波. 橡胶材料分子链网络本构模型的研究进展[J]. 材料导报，2008，22(7)：31－34.

[76] RIVLIN R S. Large elastic deformations of isotropic materials：i. fundamental concepts[J]. Phil. Trans. Soc.，1948，240(822)：459－490.

[77] YEOH O H. Characterization of elastic properties of carbon black filled rubber vulcanizates[J]. Rubber Chemical and Technology，1990，63(5)：792－805.

[78] YEOH O H. Some forms of the strain energy function for rubber[J]. Rubber Chemical and Technology，1993，66(5)：754－771.

[79] 殷闻，靳晓雄，仝光. 两种常用橡胶本构模型的有限元分析及其仿真[J]. 上海电机学院学报，2010，13(4)：215－218.

[80] VALANIS K C，LANDEL R F. The strain energy function of a hyperelastic material in terms of the extension ratios[J]. Journal of Applied Physics，1967，38(7)：2997－3002.

[81] OGDEN R W. Large deformation isotropic elasticity：on the correlation of theory and experiment for incompressible rubber like solids[J]. Proceedings of the Royal Society of London，1972，326：565－584.

[82] TRELOAR L R G. The physics of rubber elasticity[M]. Oxford：Clarendon Press，1975.

[83] ARRUDA E M, BOYCE M C. A three-dimensional constitutive model for the large stretch behavior of rubber elastic materials[J]. Journal of the Mechanics and Physics of Solids, 1993, 41(2): 389 - 412.

[84] 罗文波，谭江华. 橡胶弹性材料的一种混合本构模型[J]. 固体力学学报，2008，29(3)：277 - 281.

[85] 李晓芳，杨晓翔. 橡胶材料的超弹性本构模型[J]. 弹性体，2005，15(1)：50 - 58.

[86] 孙林松，王德信，谢能刚. 接触问题有限元分析方法综述[J]. 水利水电科技进展，2001，21(3)：18 - 20.

[87] 庄茁. ABAQUS 非线性有限元分析与实例[M]. 北京：科学出版社，2005.

[88] 任全彬，蔡体敏，王荣桥. 橡胶 O 形密封圈结构参数和失效准则研究[J]. 固体火箭技术，2006，29(1)：9 - 14.

[89] 关文锦，杜群贵. 真空环境中 O 形密封圈泄漏分析[J]. 机械设计与制造，2013(4)：66 - 69.

[90] 张发源. 3 种丁腈橡胶硫化胶加速老化与室内自然老化压缩应力松弛变化[J]. 特种橡胶制品，2001，22(2)：34 - 38.

[91] 杨喜军，王谨，程慧，等. 固体火箭发动机硅橡胶密封圈贮存寿命分析[J]. 宇航材料工艺，2012，42(5)：76 - 79.

[92] 陈家照，黄闽翔，王学仁. 固体火箭发动机长期贮存下橡胶 O 形圈泄漏分析[J]. 润滑与密封，2016，41(2)：76 - 80.

[93] 李振涛，孙鑫晖，张玉满，等. O 形密封圈密封性能非线性有限元数值模拟[J]. 润滑与密封，2011，36(9)：86 - 90.

[94] 王国权，刘萌，姚艳春，等. 不同本构模型对橡胶制品有限元法适应性研究[J]. 力学与实践，2013，35(4)：40 - 47.

[95] 高九阳，喻九阳，王成刚，等. 沟槽对 O 形圈密封结构性能的影响[J]. 武汉工程大学学报，2010，32(7)：78 - 80.

[96] 王伟，赵树高. 结构参数对橡胶 O 形密封圈性能的影响[J]. 润滑与密封，2010，35(1)：71 - 74.

[97] 关文锦，杜群贵，刘丕群. 橡胶 O 形圈密封性能的有限元分析[J]. 润滑与密封，2012，37(6)：60 - 64.

[98] 张婧，金圭. O 形密封圈接触压力的有限元分析[J]. 润滑与密封，2010，35(2)：80 - 83.

[99] 刘健，仇性启，薄万顺，等. 橡胶 O 形密封圈最大接触压力数值分析[J]. 润滑与密封，2010，35(1)：41 - 44.

[100] CHEN J Z, HUANG M X, WANG X R. Non-linear finite element analysis on rubber O-sealing ring of SRM[J]. Advanced Materials Research, 2015, 1095: 490-494.

[101] 陈家照，黄闽翔，王学仁. 橡胶本构模型分析及在应力仿真中的应用[J]. 第二炮兵工程大学学报(自然科学版)，2015，29(4)：31 - 34.

[102] 王宝珍，胡时胜，周相荣. 不同温度下橡胶的动态力学性能及本构模型研究[J]. 实验力学，2007，22(1)：1 - 6.

[103] 李树虎，贾华敏，李茂东，等. 超弹性体本构模型的理论和特种试验方法[J]. 弹性体，2011，21(1)：58－64.

[104] 王伟，邓涛，赵树高. 橡胶 Mooney-Rivlin 模型中材料常数的确定[J]. 特种橡胶制品，2004，25(4)：8－10.

[105] 燕山，王伟. 橡胶类超弹性本构模型中材料参数的确定[J]. 橡胶工业，2014，61(8)：453－457.

[106] 王丹，张彦廷，陈国明，等. 橡胶模型参数的确定及对有限元计算的影响[J]. 现代橡胶技术，2011，37(5)：26－28.

[107] 常洁，陈同祥. 航天器中一种典型 O 形密封圈的有限元分析[J]. 航天器工程，2008，17(4)：104－108.

[108] 闫平义，苏胜良. 固体火箭发动机密封材料(F108)回弹特性研究[J]. 宇航材料工艺，2001，31(6)：20－22.

[109] 刘阳，孙冲，崔展鹏，等. 多级串联密封系统泄漏规律及应用研究[J]. 宇航学报，2005，26(4)：476－481.

[110] 王江. 橡胶密封圈在回弹过程中的密封性能分析[J]. 强度与环境，2006，33(3)：37－42.

[111] 穆志韬，邢耀国. 固体发动机结构密封特性分析[J]. 润滑与密封，2004(2)：33－35.

[112] 李秀芬，汪根来，李经纬，等. 固体发动机橡胶密封圈回弹性能测试[C]//第三十八届技术交流会暨第二届空天动力联合会议论文集. 大连：中国航天第三专业信息网，2017：115－120.

[113] 程建彬，王林，刘妍华，等. 一种密封圈回弹速率测试装置及测试方法：CN201120390-010.2[P]. 2012－08－01.

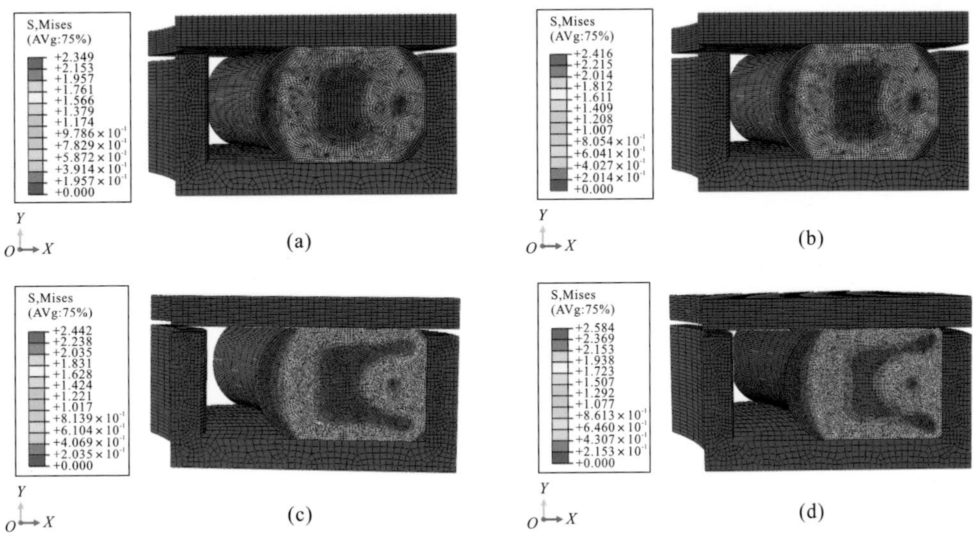

图 4–4 不同介质压力下 O 形圈应力云图

（a）p=0.3 MPa；（b）p=1 MPa；（c）p=2 MPa；（d）p=3.5 MPa

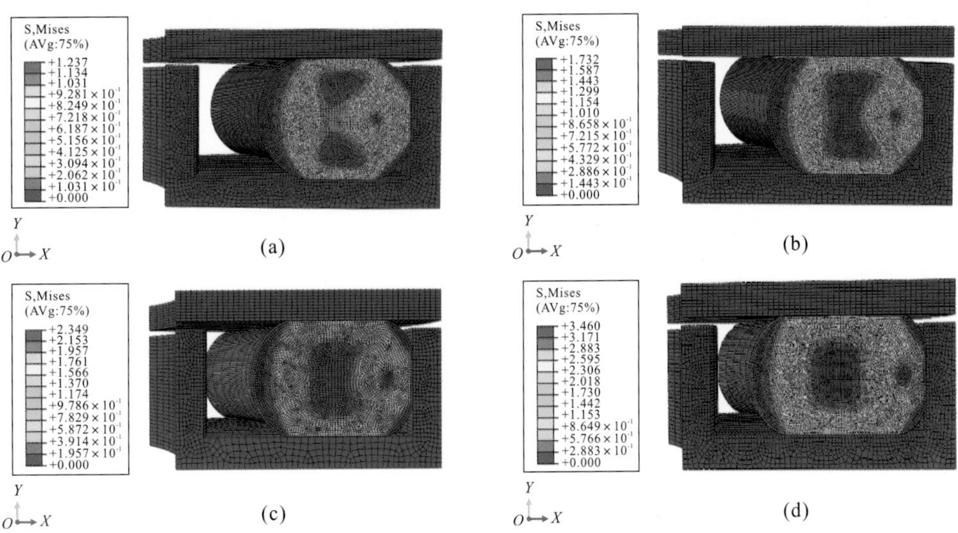

图 4–6 不同压缩率下 O 形圈应力云图

（a）ε=0.15；（b）ε=0.20；（c）ε=0.25；（d）ε=0.30

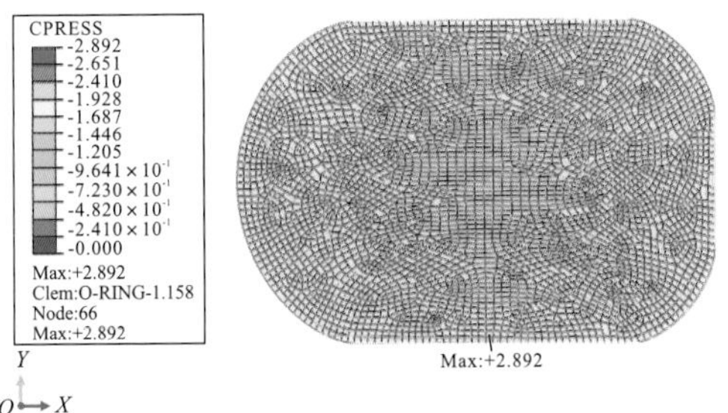

图 4–8 接触应力分布云图

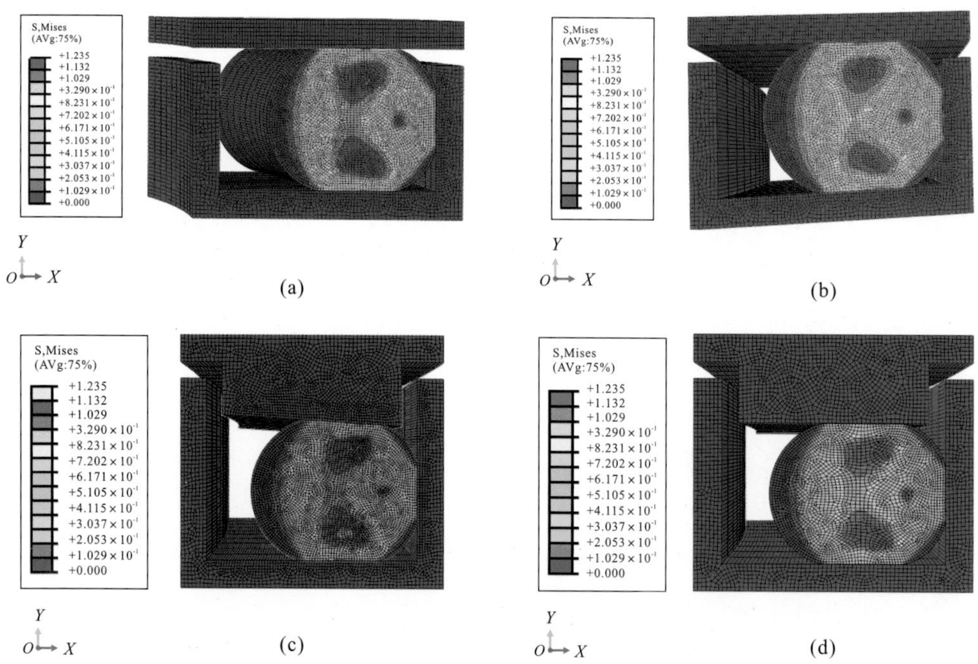

图 4-9　不同结构形式密封槽的应力分布云图

（a）矩形槽；（b）自紧槽；（c）自紧斜凸台 + 矩形槽；（d）凸台 + 矩形槽

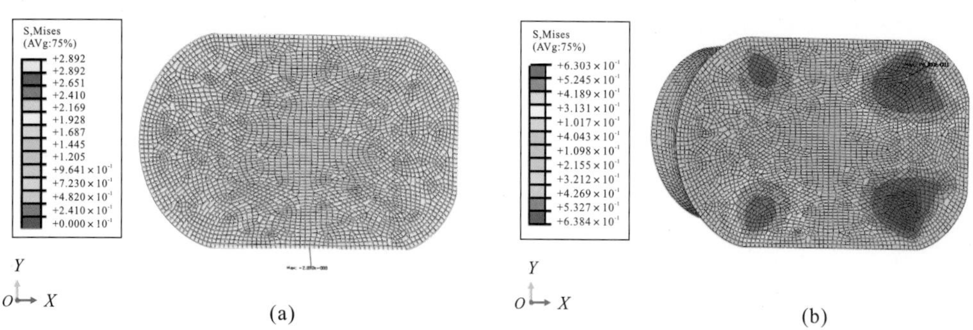

图 4-10　橡胶圈接触及剪切应力分布云图

（a）接触应力分布云图；（b）剪切应力分布云图